AF307266

Mururoa

Les tribulations d'un vétéran

Paradis ?... Ou... Enfer ?

Par PaP OunE

Édition : BoD – Books on Demand, info@bod.fr

Impression : BoD – Books on Demand, In de Tarpen 42, Norderstedt (Allemagne)

Impression à la demande

Illustration : PaP OunE

Couverture : Création PaP OunE

xxxxxxxxx

ISBN : 978-2-3225-0350-6

Dépôt légal : Septembre 2023

Ce roman ne peut être que le souvenir d'un jeune homme à peine sorti de l'adolescence, marin de la marine nationale.

Il relate de cette histoire un court moment de sa vie, un passage de l'existence, fabuleuse, féerique et mortelle où se mélangent la découverte, la joie, le bonheur, la peine, le dégoût, l'alcoolisme, la folie, la mort, la contamination et puis… ! Et puis ces longs mensonges, le rejet de son être et de sa nationalité, de ces amis aux vies écourtées, de ces douleurs supportées.

Une cinquantaine d'années se sont passées. Dans un déni encore présent, les souvenirs se sont quelque peu émoussés, les dates et les lieux peuvent être légèrement altérés ou bien divergents, mais le fil rouge du vécu reste présent, ancré au plus profond de son être.

Remerciements

Sans nul doute, à beaucoup de monde, que je ne pourrais vous citer en ces quelques lignes, amis vétérans, marins de la Maurienne et du Commandant Bourdais. Elles, qui ne seraient être nullement trop longues.

Sans vous, ces pensées seraient restées dans les limbes de l'au-delà et je ne suis pas certain que ce livre n'aurait jamais vu le jour.

À Babou mon épouse, mes enfants et petits-enfants ! vous qui m'avez aidé, aimé et surtout supporté en ces longues années.

À vous, mes amis, bien trop tôt disparus, mais dont, je l'espère, le temps en apportera la raison.

À toi Bernadette, ma correctrice, ma petite sœur de cœur, toi qui gères mes divagations et "élucubrations".

À mon Psy, qui durant ces années a su m'écouter.

Enfin à vous, lecteurs, qui auront le courage de me lire et peut-être de comprendre ce monde interdit.

Ces quelques mots, en souvenir de qui nous sommes, de ce que nous avons été et de ce que nous avons vécu.

L'élucubration d'un Fait.

Premier chapitre présentation

Paradis... ou... Enfer ?

3

Nul ne pourra me comprendre ni me convaincre d'une définition. *Mururoa* est, j'en suis convaincu, un paradis, mais aussi un enfer caché, un mensonge. Il est une ignorance comme j'ose encore, parfois le croire.

Enfin, peut-on le concevoir... ! Mais, en tout état de cause, ce roman ou cette autobiographie ne sont qu'une part de la période de l'existence d'un jeune homme, un adolescent désirant apprendre la vie. Mais où, malgré tout, des instants d'affairement et de fait, ne peuvent être écrits ? Ils sont rangés en ces tiroirs de l'existence, oubliés, enterrés au plus profond d'une âme meurtrie.

Une enfance peu présente aux souvenirs trop souvent absents, oubliés. Une famille vagabonde du fait des changements de poste pour sa carrière, d'un père à l'EDF.

Né à *Escolives-Sainte-Camille,* lieu dit du *Saulce,* dans l'Yonne et dont les souvenirs des lieux remontent à bien plus tard, lors d'une visite adulte. Anciennement, un poste EDF, il est en ce temps devenu la demeure d'un artiste. Peu de changement ou de transformation, elle était toujours accolée à ce château de mon enfance, mais qui n'est toutefois qu'une très grosse maison bourgeoise. L'Yonne et un canal sur un côté, la ligne SNCF Paris Lyon et la nationale 6 de l'autre, sans oublier les étangs et ces nombreux trous d'eau. Enfin le bief et sa turbine, qui produisaient l'électricité ainsi que de multiples transfos gourmands de foudre. Un espace qui ne permettait qu'une vie en autarcie, mais qui, pour mon jeune âge, n'avait que peu d'importance et qui ne dura que le temps de la naissance de ma petite sœur. Trois ans, et déjà mon premier déménagement.

Toulon-sur-Arroux, ma deuxième villégiature, qui n'était pas bien grande, mais plus imposante que la précédente. Un village, qui comme le premier ne me fut découvert qu'à l'âge adulte. Mais que dire ? Du peu des souvenirs de cette époque, une courette recouverte d'une glycine, elle donnait accès à un grand espace de terre battue. Sur la gauche, le garage du boulanger, où il garait sa camionnette en bois. En face de la cour, un hangar, qui donnait accès au jardin, où mes frères, mes sœurs et moi-même avions chacun notre lopin de terre que nous cultivions suivant nos envies. Pour moi, c'était des radis noirs. Sur la droite, des voisins, dont le seul souvenir, en sont leur accueil lors de la naissance de mon petit frère. Elle fut l'avènement qui déclencha le là, d'un nouveau départ. Ce fut aussi mes premières expériences scolaires, d'une maternelle sans souvenir. De nouveau, 3 ans et demi s'étaient passés. Déjà, un deuxième déménagement.

Gueugnon capitale cantonale, elle est ma troisième villégiature. Elle est de plus grande importance, une villa au sein même du complexe EDF et GDF, situé sur la périphérie de la ville et au bord de la rivière *l'Arroux*. Elle était postée en extrémité du bief du canal et de l'écluse qui se jetait dans ce cours d'eau. Une route, qui, de part et d'autre, était bordée par les deux cours d'eau puis un dépôt, un stockage de terre jaune, un *minerai d'uranium* et son usine de traitement chimique des minerais, mais le tout clôturé. Elle était infranchissable pour les garçons que nous étions. Enfin le stade et les prémices de la gloire du football dans les temps futurs et le lieu de mes activités sportives.

Mais aujourd'hui, l'urbanification était arrivée, du complexe de l'EDF et GDF il ne reste que des bâtiments désaffectés, la maison de mon enfance menace ruine et toutes les ouvertures sont murées. Le bief et le canal ne sont plus, ils ont été remblayés et recouverts de constructions. Le tas de minerai d'uranium et son usine ont disparu, ils ont laissé place à des immeubles, des villas et des entreprises. Quatre années de vie disparues, qui se sont envolées. Il ne me reste que seuls quelques souvenirs, la pêche, les jeux de rôles dans les clapiers avec ma petite sœur, les efforts lors de ces séances d'athlétismes en ce club dont je faisais partie. Mais aussi ces longues journées d'activités à dépiauter des câbles électriques pour récupérer cuivre, aluminium et acier, mais aussi la collecte de cartons avec mon frère aîné, le tout pour une revente au Pater du coin et pour quelques francs seulement, mais qui nous permettaient une séance de cinéma ou quelques accessoires de pêche. Mais voilà, 4 années et demie se sont écoulées, un séjour déjà bien plus long, mais aussi mon quatrième déménagement.

Dijon, pour moi, elle était une ville immense et sans fin. Elle est la capitale départementale. Pour la première fois, je devais vivre dans un immeuble de l'EDF. Quelles déceptions ! Pas le moindre espace naturel hormis un terrain vague, vestiges d'une usine désaffectée. Une rivière, *l'ouche,* prémices d'activités futures sur un côté, le canal de l'autre, quelques maisons parsemaient les espaces libres, l'usine EDF, le centre de tri SNCF avec ses multitudes de voies ferrées et bien d'autres usines importantes que je ne saurais citer.

Tous disparaissaient, mes repères n'étaient plus ! Mes vacations dans la nature, elles s'évaporaient ! il ne me restait que le béton et le bitume.

Une année de collège qui fut un échec, trop nul en anglais, deux années de certificat d'étude obtenue haut la main. La réussite au concours d'entrée au *CET "les Marcs d'Or"*. Trois années pour l'obtention d'un CAP de menuisier, que je réussissais avec les félicitations du jury et le premier d'académie. Là s'arrêtent mes exploits scolaires et, pour ce temps, j'avais 17 ans.

Que dire de ces années, sortir de l'enfance et rentrer dans l'adolescence. J'intégrais ce groupe de copains, ce clan issu de l'immeuble EDF et pour certains, tout comme moi, ils n'étaient que de passage et d'horizons différents. Mon acceptation à ce groupe, en ce départ, fut assez difficile. Mon père étant le chef du district gaz, certains en faisaient nos différences (enfin celle de nos paternels). Notre aire de jeux était ce terrain vague, une friche industrielle ainsi qu'une portion de l'*Ouche,* des secteurs dont nous devions nous défendre bec et ongle, contre les clans adverses. Ces lieux étaient envahis par la viorne *(la clématite des haies ou bois à fumer).* Ils nous servaient de caches et nous permettaient, hors de la vue des parents, de fumer tranquillement, ces bois coupés en tronçons et honte à celui qui, tirant trop fort sur sa cigarette, l'enflammait. Nos parties de pêche à la bouteille que nous posions le jeudi matin et relevions l'après-midi et que nous vendions *(contre quelques bonbons et friandises)* au *SPAR*, l'épicerie du quartier, qui vendait de la friture fraîche le vendredi matin à nos parents.

Pour mes 13 ans, je m'achetais un vélo d'occasion, 25 francs, mais mon pécule ne se montait qu'à 20 francs, mon père mit le reste, mais la bécane devenait propriété conjointe (il ne s'en est jamais servi). Elle n'en valait pas plus que sa valeur, 1 quart de pédale dans le vide, pour trois quarts de propulsion, mais elle me permettait de m'évader, le long des chemins de halage du canal et de retrouver cette campagne, qui me manquait !

Pour mes 14 ans, suite à l'obtention de mon certificat d'études et de la réussite au concours d'entrée au *C.E.T*, et oui, en ces années-là un concours était obligatoire pour rentrer en apprentissage, donc à cette occasion mes parents m'avaient offert un vélo bleu, avec un guidon de course et 3 vitesses. Le rêve ! Ma vieille bécane passait dans l'oubli directement au ferrailleur, par les kilomètres parcourus et le manque de soin évident.

Ce cadeau ! Il en était aussi un pour mes parents. Je rentrais au *"CET Les MARC d'OR"*, en ce temps-là les transports scolaires n'existaient pas. Onze kilomètres, le matin et autant le soir avec une côte à 11 %, ce cadeau arrangeait bien mes parents !

Ces 3 années furent, me semble-t-il, les meilleures de mon enfance. L'apprentissage du travail du bois me comblait ainsi que les longues balades en vélo sur les chemins de halage du canal de bourgogne. Nous remontions la vallée de l'ouche, le dimanche avec mon grand frère et, les samedis, ils étaient des journées de labeur avec ce même frère, pour une entreprise de travaux publics du coin, dans la confection de barrières de sécurités et de ponts en bois pour le passage des tranchées. Ces travaux dominicaux nous rapportaient quelques francs, mais ils en profitaient surtout à mon frère. Les déplacements scolaires en vélo étaient harassants, je décidais l'octroi d'une mobylette. Juillet et août de cette année furent consacrés aux travaux chez un producteur de pêche. J'étais posté à l'approvisionnement de la trieuse. De 7 heures à 19 heures, tous les jours, avec une pause d'une heure à midi, pour le casse-croûte tiré du sac et de 7 heures à midi le dimanche. Intolérant à la peau de pêche, je n'ai jamais pu en retoucher une de ma vie. Deux mois de labeurs et de souffrances allergiques, pour un salaire de 625F au total, je n'ai pu que m'offrir qu'un *Caddy* pour la somme de 650 francs. Mon père avait mis le complément, la mobylette, elle devenait à nouveau commune, mais il avait pris à son compte l'assurance, le carburant lui restait à ma charge, mes travaux du samedi me le permettaient.

Bien sûr, d'autres souvenirs me restent présents, mais ne concernent pas cette présentation.

Hymne de l'engagement

Pensées et rêves

En ces premiers jours de juillet,

Par une annonce journalistique,

Ses rêves se sont envolés.

Vole, vole, son esprit était déjà parti.

Mais il était encore là emprisonné,

Il avait les clefs de sa libération.

Son attente ne pouvait durer,

Son choix, il l'avait déjà fait,

Son corps et son esprit disparaissaient.

Deuxième chapitre l'engagement

Diplôme en place et malgré des offres d'emplois avantageuses, des poursuites possibles en des écoles qui me proposaient des niveaux supérieurs. Un père qui me poussait à rentrer à l'EDF, rien à tout cela ne m'intéressait.

Mon désir, m'éloigner, sortir de cet espace qui m'opprimait, je ne pensais qu'à quitter ces lieux. En ce temps-ci, peu d'attentes me retenaient et mes pensées recherchaient des solutions. Cet épilogue me vint par une publicité, l'engagement militaire. Non pas l'armée de terre ou de l'air qui ne me faisait pas rêver, mais la marine, charpentier de marine ! Je me voyais déjà en ces contrées lointaines, naviguant au sein de ces îles paradisiaques, ces espaces vierges de toutes civilisations, ces lieux qui n'étaient que des écrits en ces livres, que je dévorais, mais qui tous n'étaient que d'un autre temps ?

Mais la réalité n'était pas, internet en ces temps-là n'existait pas. Mes recherches me menèrent enfin au *CIRFA*, le bureau d'engagement de la marine à Dijon. Une rencontre avec un marin dont je n'avais nullement la valeur du grade de celui-ci, un entretien d'une petite heure, de toute manière ma décision était prise, je serais charpentier de marine. De retour au domicile, un dossier de candidature sous le bras, le plus compliqué me restait à faire, obtenir l'accord de mes parents pour obtenir les documents nécessaires à mon enrôlement. Contre toute attente, mon dossier fut vite mis à jour et déposé au *CIRFA* par mon père. Une convocation aux tests d'aptitudes arriva rapidement. Je passais les épreuves, qui n'avaient pour fonctions que la confirmation du savoir de lire, d'écrire et de compter, mais aussi de la réalisation d'une épreuve sportive, mais qui n'avait que le nom de sport. Diligemment, je recevais une convocation pour la signature de mon engagement de 5 ans et suivant mes résultats il me conseillait, vu mon niveau, la spécialité d'électricien au lieu de charpentier... Allez donc comprendre...? Enfin, il faut le concevoir, charpentier de marine sur des navires métalliques, qu'elle en serait mon rôle.

Pour moi, la question ne se posait pas, dans toutes mes lectures, le charpentier comme le cuistot, sur les bateaux, ils avaient toujours les bons rôles.

Puis, tout alla très vite. Mon enrôlement se déroula très rapidement à la suite de ma décision. L'incorporation s'effectua en à peine un mois. Le 30 août 1970, je devais me présenter au *CFM Hourtin*. Bien sûr, les voyages en train ne me faisaient pas peur, j'en avais l'habitude, tous les ans à Pâques et durant le mois d'août je partais en colonie de vacances et aux quatre coins de la France avec la *CCAS (les colos de l'EDF)*, mais là, tout de même, je serais seul.

Le départ en ce dimanche du 30 mai 1970 arriva rapidement. Un train direct Dijon-Bordeaux, avec des arrêts multiples, où des jeunes appelés ou bien comme moi, engagés, ils nous rejoignaient. À notre arrivée, en ce 31 août 1970, au matin, des bus militaires nous attendaient. Je ne m'attarderais pas sur cette période militaire de 53 jours. J'obtenais mon premier galon de *Breveté élémentaire* due à ma spécialité déjà acquise, étant possesseur du CAP de menuisier, devant ma petite taille et ma mauvaise volonté pour la marche aux pas, je fus relégué à l'arrière du peloton. Aux avirons peut-être dus à ce premier galon !, j'étais à l'arrière de la barcasse aux 16 avirons, je tenais le gouvernail en scandant une... deux...

Quant aux gardes des bâtiments des munitions et de la prison, j'en fus vite bannie due à un tir intempestif...! Mais j'excellais dans le sport et toutes les matières écrites. Étant sortie dans les premiers de mon contingent, allez donc comprendre pourquoi ! Mon statut militaire n'était pas exemplaire. Peut-être aussi par ma spécialité, déjà acquise, ou peut-être ? Pas que!... Car le premier choix de ma demande de campagne était le Pacifique et il me fut accepté contre toute attente. Quoique l'attribution des embarquements fût donnée par la position dans le classement du *Pim (système de classement par notation avant 2001 pour les hommes d'équipage dans la marine nationale)*, mon classement devait être bon.

Dû à ce départ en campagne, je recevais mes

tenues blanches, les *tenues d'outre-mer. Je* dus subir une multitude de vaccins complémentaires dans le bras, le dos, et le haut des fesses, le tout dans une file indienne où des infirmiers nous vaccinaient à tour de bras. Cet acte médical me permit de profiter de 48 heures de repos, mais nous étions confinés dans nos chambrées. De plus, cet embarquement permettrait que mes salaires et primes soient multipliés par 2,1 ainsi que mes droits à la retraite *(concernant ces droits et dus aux changements des régimes de retraite, ils furent oubliés et non applicables).*

En l'attente de mon départ, je fus affecté aux ateliers maritimes de la flotte, les *AMF* de Toulon. Ces 5 mois de bonheur où j'ai appris, la restauration et le calfatage des coques en bois, mais aussi je participais à la restauration, de la tête de proue, d'un galion du 17e siècle, il représentait Poséidon, en bois d'iroko. L'empreinte militaire, durant cette période, n'était due qu'à des rondes de sécurité incendie *(2 heures de courses au trot et de multiples montées d'escaliers, afin de donner un tour de clef dans un boitier, qui toujours, était situé au dernier étage et qui confirmait ainsi le passage du contrôle sécurité et incendie).* Ces rondes, nous les effectuions durant nos quarts de nuit et les week-ends. Ce temps fut aussi les prémices de ces sorties nocturnes, dans cette zone de *Chicag'* (*Quartier de la basse ville de Toulon située entre la porte principale de l'arsenal et la rue d'Alger*). En ce temps, il était un lieu de perdition pour le jeune marin que j'étais, mais le montant de la solde, en ces moments, ne me permettait que peu de folie. Le temps était passé, mon ordre d'embarquement était arrivé.

Je quittais Toulon plein de rêves et d'inquiétudes. Mes rêves se concrétisaient, j'allais partir, découvrir ces contrées lointaines, devenir aventurier comme les héros de ces lectures qui m'avaient transporté durant mon enfance. Ces livres, ces auteurs, qui m'avaient emporté dans ces rêves imaginaires, loin des vicissitudes de la vie ordinaire.

Hymne à la vie voyageuse

Sur le chemin de la vie,

Le rêve du voyage n'est que là.

Sur le chemin de la vie,

La réalité du voyage est ailleurs.

Sur le chemin de la vie,

L'espérance du voyage n'est que là.

Sur le chemin de la vie,

L'évidence du voyage est lointaine.

Sur le chemin de la vie,

La réalisation du voyage n'est que là.

Sur le chemin de la vie,

La joie du voyage est incertaine.

Troisième chapitre l'envole

Mon affectation était enfin arrivée. Le Pacifique... Mon ordre de mission m'embarquait sur le *bâtiment base Maurienne.* Rien que le nom me faisait déjà rêver. J'avais lu toutes sortes de documentations et de livres sur ces contrées lointaines. En ces années, le web n'était pas encore dans le grand public, mais aussi j'écoutais les anciens dans les exposés de leurs campagnes précédentes. Je rêvais de ces contrées lointaines, et aussi de ces îles paradisiaques. Les derniers jours, à Toulon, me parurent une attente longue et interminable. Ainsi que ces quelques jours de permission à Beaune. Et oui, mes parents avaient encore déménagé, mais ils me permirent de relativiser ce voyage. Il me laissait tout de même quelques angoisses.

Le jour J, mon père me déposa à la gare de Beaune à 8 heures du matin. Il me laissa seul face à ce voyage, qui me menait à l'opposé de mon lieu d'enfance. En ce temps-là, il n'était pas nécessaire de se rendre gare de Lyon pour se rendre à Orly. Après quelques arrêts, le train me déposa à Villeneuve-Saint-Georges, le TGV n'existait pas encore. Seuls les trains rapides, ils mettaient 3 heures pour effectuer les 300 km, nous transportaient dans des wagons à compartiments, mais ils permettaient de lier des conversations, voire même l'ouverture de quelques paniers de victuailles. Je finalisais mon premier parcours en bus.

L'aéroport m'impressionna, cette immensité, où une multitude de personnes se déplaçaient en urgence, ou elles étaient stationnées devant les immenses panneaux d'affichage. Un peu perdu dans cette foule, dont je n'avais pas l'habitude. Je finis par dénicher le guichet d'embarquement d'Air France, mais aussi quelques marins, reconnaissables à leurs sacs marins, et qui, tous comme moi, faisaient leur premier voyage en avion. Nous, nous étions regroupés, nous rassurant les uns les autres. Un seul était affecté sur la *Maurienne* avec moi. Les autres sur des bâtiments différents, mais, de toute manière, nuls n'avaient pas de connaissance de ces bâtiments militaires ou de ces affectations, alors, nous pensions qu'ils étaient à *Tahiti* !

Notre premier avion est un Boeing 747 jusqu'à Los Angeles et un DC8 jusqu'à Tahiti *(le prix de mon billet de transport pour Tahiti, fourni par la marine, compris l'escale de 24 heures et l'hôtel, s'élevait à 12 400 Fr. Le SMIC à 3,82 F donnait un salaire mensuel d'environ 700F, soit un peu plus de 17 mois de salaire)*, mais je n'en avais pas conscience de cela en ces temps-là. J'étais dans mon rêve de départ.

Que dire de ce voyage ? L'envol de l'aéroport d'Orly, à 14 heures, une arrivée aux environs de 17 heures à Los Angeles (et oui 9 heures de décalage nous allions plus vite que le soleil, j'avais dû bien l'étudier à l'école, mais là je le découvrais). De plus, ils nous ont été servis un déjeuner, un dîner et un petit-déjeuner et une séance de cinéma. À cette époque, nous pouvions même fumer dans l'avion. Peut-être, par un pur hasard, mais plutôt par un achat groupé, tous les militaires étaient regroupés dans un même secteur. L'atterrissage à *Los Angeles* en lui-même reste un fait marquant. L'avion volait au-dessus des montagnes, l'océan au loin se profilait et, tout à coup, il tombait, il donnait cette impression de plonger dans l'océan. Un simple moment de frayeur, vite oublié, mais l'atterrissage, lui était mémorable, mais rapide et impressionnant.

Peu de souvenirs sur ce temps de transit, si ce ne fut que l'accès à notre hôtel en taxi. Un Immeuble d'une quinzaine d'étages, des couloirs sans fin et de nouveau un dîner. Une tentative de sortie, vite abandonnée, les bars et la vente d'alcool étaient interdits aux moins de 21 ans, nous étions loin du *Chicag' toulonnais* !

De retour dans ma chambre, malgré la présence d'une télévision dans chacun des logements, je me retrouvais isolé et perdu. Je ne comprenais pas ou si peu la langue, les films m'étaient impossibles à suivre. Ils étaient entrecoupés de publicités et d'actualité avec un retour en arrière à chaque reprise de ceux-ci. Par ce fait, ils devenaient longs et incompréhensibles. Finalement, seul le repos me fut accessible.

Le lendemain, le départ pour Tahiti, nous étions accueillis dans l'avion par des hôtesses. Elles étaient habillées d'un paréo et elles portaient une couronne de tiarés, le rêve déjà me transportait.

Moruroa,,, Mururoa

Paradis… ou… Désillusion

Un rêve, un paradis, un atoll.

Perdu au milieu de l'immensité,

Océan bleu, limpide et chaud,

bande corallienne émergeant à peine,

faisant vivre multiple vie marine.

Des cocotiers, sur ce fin anneau émergé,

bruissaient en ce léger zéphyr.

Mais…!

Terre, mer, poussières, sournoisement

Nous attendaient, nous détruisaient.

Le mensonge nous attaquait,

Mais nous! nous l'ignorons.

Quatrième chapitre Mururoa

5 Heures, ce matin le rêve se réalise, à 11 heures de la France, à *Tahiti, Papeete, Faaa*, plus exactement. La température annoncée est de 32° à notre sortie. L'air est lourd, il est chargé d'humidité, mais il exalte un parfum, qui, pour moi, était inconnu en ces temps : la *Tiare Tahiti ou Tiare Maohi. Il reste* un vrai bonheur et un instant d'enivrement inoublié, même après ce nombre d'années il me procure cette sensation d'ivresse, tel un transport au paradis...!

Au bas de l'escalier mobile, un comité nous accueille. Des Tahitiennes en tenue locale nous souhaitent l'arrivée par des colliers de coquillages et de tiarés Tahiti, des ukulélés égrènent des sons joyeux et dansants. Puis vient la longue attente de nos bagages. Rapidement, nous embarquons dans des camions militaires, destination *Arué. La* caserne militaire de la Légion étrangère où la marine occupait un espace à elle pour les permissionnaires et les transitaires, ce qui, pour nous, n'était qu'un court passage. Pour certains d'entre nous, nous devions prendre le *DC6* de l'après-midi, direction *Mururoa*, où étaient basées nos affectations. Ce premier contact avec Tahiti ne fut qu'éphémère. Un aller simple en camion, la traversée de Papeete, un petit déjeuné et un déjeuné à "*Arué*", *puis* déjà le retour à *Faaa*, *t*oujours par camion. Le rêve de villégiature en cette île du Pacifique déjà prenait fin. Mais cela n'était que partie remise !

Papeete à Mururoa, 1 215 km environ, 3 heures de vol, par un avion militaire qui n'avait pas le confort des avions de ligne que je venais de découvrir. En cette année-là, 2 *DC6* et 1 *Bréguet* (*avion à doubles ponts, il pouvait transporter du personnel et du matériel*) faisaient la navette avec *Papeete, Mururoa et Hao.*

Ma première désillusion fut sur l'arrivée en vue de *Mururoa*. Par le hublot, ce premier aperçu me faisait regretter notre départ de Tahiti. Voyez ce qu'était cet atoll !

Mururoa, tout comme *Fangataufa,* un autre

site d'essais, font partie de l'archipel des Tuamotu *(de sa traînée sous-marine volcanique). Ils se situent* tous au sud de cette partie française. Il est l'un des cinq archipels qui constituent la Polynésie française, qui sont situés dans le Pacifique central Sud, au nord du tropique du Capricorne et à proximité du 139e méridien ouest. Ils sont distants de près de 5 000 km de la Nouvelle-Zélande et à plus de 6 000 km des côtes australiennes et américaines. Ces deux atolls étaient inhabités au moment de l'implantation en 1964 du Centre d'expérimentation du Pacifique *(CEP)*. Ils sont au centre d'une zone, il est dit, très faiblement peuplée, comportant moins de 5 000 habitants dans un rayon de 1 000 km, mais pourquoi ne pas rajouter 200 km (peut-être, ma compréhension, ou mon niveau intellectuel ne peuvent pas discerner cette limite du millier) ? Cela engloberait Tahiti. Alors, la population monterait à 110 000 âmes en 1966, sans compter cette masse de militaires envoyée par le CEP, sans compter le CEA et autres sociétés ? La zone pour ces 200 km serait un peu moins désertique. Mais parlons un peu de Mururoa.

L'atoll de *Mururoa (21° 50′ S, 138° 53′ W)* est découvert en 1767 par le navigateur anglais *Carteret*. Il le nomme *Bishop of Osnaburg* en l'honneur du second fils du roi Georges III. Le nom de *Mururoa (L'appellation Mururoa a été donnée par le CEP, semble-t-il, pour des raisons euphoniques. En effet, la coutume d'abréger les noms faisait que Moru sonnait moins bien aux oreilles des locuteurs français que Muru). Ce nom* ne vient donc pas conformément à la déformation du nom polynésien Moruroa *(prononcez Morouroa, dont le nom signifie grand secret ou grand filet de pêche en Mangarevien, Moru signifiant filet ou secret, et roa grand).* Mais qui initialement s'appelait *Aopuni* dans la langue des *Tuamotu* le *paumato. L*es Polynésiens, avant l'arrivée du CEP, y exploitaient une cocoteraie où les noix de coco étaient ramassées suivant des campagnes de récoltes ponctuelles.

Que dire du contexte de la création du CEP, avant sa création, il n'y avait aucun support logistique et tout était à faire ! Un programme gigantesque a dû être entrepris, et il demanda plus de 2 ans de travaux. Pour en comprendre l'ampleur, quelques chiffres sont nécessaires :

– 3 aérodromes *Hao, Mururoa* et *Fangataufa*, furent construits.

– 2 km de quais furent aménagés.

– 25 hectares de surface couverte par du goudron ou du béton.

- 2 000 000 m^3 de terrassement.

- 100 000 m^3 de béton de fortification.

- 100 000 m^3 de béton ordinaire.

Les premiers travaux débutèrent en 1963, les travaux d'aménagement des atolls *de Hao* et de *Mururoa* à compter de l'année 1964 et le 1er essai atmosphérique d'une puissance d'environ 200 kt fut réalisé le 2 juillet 1966 à *Mururoa*, sous le nom d'Aldébaran. S'ensuivirent 40 autres tirs (aériens eux-mêmes), réalisés jusqu'en septembre 1974 : 33 à *Mururoa*, 4 à *Fangataufa* et enfin 3 par largages d'avions. Notons que le 12e tir nommé *Canopus* effectué à *Fangataufa* le 24 août 1968 fut celui de la première bombe thermonucléaire (bombe H) française et qu'aucun tir n'a été effectué en 1969.

Cent trente-sept tirs s'échelonnèrent ensuite, du 3 avril 1976 *(Patrocle)* au 27 janvier 1996 *(Xouthos)*. La grande majorité de ceux-ci se déroulèrent à *Mururoa*, dans des puits forés sur la couronne ou dans des puits souterrains sous couronne ou forés sous le lagon. Des tirs à *Mururoa* qui ont été concentrés en 4 zones et qui ont inévitablement fragilisé les pentes extérieures de l'atoll et ébranlé les structures de l'atoll de *Mururoa*.

Les militaires attestent les affaissements de terrain, et même la formation de failles, au point qu'il fallait régulièrement rehausser les routes d'accès aux chantiers de forages, mais aussi ériger un mur de protection en partie du côté de l'océan. Parmi ces 137 tirs, 8 (dont le dernier du 27 janvier 1996) furent réalisés à *Fangataufa*.

Afin de comprendre ce que pouvait être ce lieu de nos résidences, définissons ce qu'était l'atoll. Il se présente sous la forme d'une ellipse irrégulière de grand axe est-ouest de 28 km de long sur 10 km de large. Excroissance corallienne sur le pourtour d'un ancien volcan immergé reposant à 3 325 mètres de fond qui s'est formé il y a environ 40 millions d'années. La couronne récifale émerge de l'océan, à moins 0,5 mètre du niveau de l'océan, à 3 mètres au-dessus maximum, pour une largeur variable de quelques dizaines de mètres, mais rarement plus de 400 m au nord et 1 100 m à l'extrémité ouest de l'atoll. Une surface émergée de 15 km², la couronne forme le plus grand anneau corallien de la partie méridionale des *Tuamotu*. Elle est constituée de matériaux biodétritiques *(roche sédimentaire composée d'au moins 50 % de débris formés par des squelettes d'organismes vivants formant un sable grossier)* et de sable corallien, qui reposent sur une dalle corallienne indurée. La couronne relativement continue au nord et à l'est est découpée au sud par des chenaux *Hoas* qui mettent en communication l'océan et le lagon. Ces *Hoas* délimitent des îlots appelés *Motus*. Ils s'échelonnent sur environ 10 km du pourtour de l'atoll.

Le lagon de *Mururoa couvre* une superficie de l'ordre de 135 km ^{2} et un volume d'eau d'environ 4,5 milliards de m^3. D'un point de vue physique, il peut être divisé en deux zones : la zone orientale de la passe à la zone Anémone, où les profondeurs peuvent atteindre 50 à 55 m et la zone occidentale qui est un appendice étroit du premier bassin dont la profondeur moyenne est de 12 m. Ce lagon est en communication avec l'océan par une passe naturelle située au nord-ouest. La passe de 4,5 km de large a une profondeur moyenne de 8 m. Les échanges d'eau, entre le lagon et l'océan, ont essentiellement lieu par la passe et les *Hoas* fonctionnels de la côte sud-ouest.

Chaque zone du site avait pour dénomination un prénom féminin à part quelques zones sud-ouest des *Motus*. Eh oui !... *Muru* avait déjà connu une multitude de tirs, la partie désertique était importante, voire presque complète.

Oui, ma première désillusion était là. L'image d'une île paradisiaque était absente, j'abordais une île, non !, un atoll nu, un anneau de corail, blanchi au sein de cet océan bleu-turquoise, où la seule végétation apparente était quelques cocotiers. Ils parsemaient de-ci, de-là des espaces restreints, et tous offraient un aspect chétif, voire maladif. Une chaleur foudroyante, quoiqu'elle soit chargée d'une forte humidité, me terrassa *(sur les 4 380 heures de jour d'une année, 3 000 étaient considérés en insolation élevée. Mais aussi que dire de la pluviométrie, le total d'une année représentait 5 mm de pluie par jour, soit 1 825 mm par an au mètre carré)*. Elles n'étaient pas journalières, bien sûr, mais fréquentes, de courte durée, parfois que de quelques minutes, mais violentes, drues, et tout aussi rapidement elles laissaient place aux ardents rayons lumineux. Envolé mes rêves de conquêtes édéniques, je prenais pied sur le sol de *Muru. Je* laissais mon imaginaire dans l'avion, lui au moins m'emmenait au loin, voyager !

Mon barda récupéré, la *Maurienne* était là. Elle m'attendait à une centaine de mètres de moi. Elle était embossée le long des pontons métalliques. Je m'arrêtais, posais mon sac marin au sol, fasciné par cette masse d'un blanc éclatant. Mais avant tout, je me dois de vous présenter ce bâtiment, où j'ai vécu 19 mois.

Le *Brazza 2* construit pour les *Chargeurs Réunis* et lancés à *Newcastle* en 1947. Il était un cargo mixte *(transport de frets et de passagers pour l'Afrique)*. Au 04/01/1965, il est renommé *Maurienne* et elle est remise à la Marine nationale. Après les réaménagements pour le transport et l'hébergement du personnel militaire et civil, l'adjoint d'une aire arrière pour l'appontage d'alouette II (hélicoptères), elle est envoyée comme hôtel-restaurant à *Mururoa*. Durant la période des tirs aériens, elle embarquait l'état-major du site ainsi que les expérimentateurs de la défense et du CEA. En fin des essais aériens de 1974, elle fut condamnée à la destruction. En 1975, elle rentre au port de Papeete, le 13 septembre 1975 exactement. Mais suivant la "dépêche" de Tahiti, la BB a été remorquée le 22 mai 1976 pour ferraillage à Taïwan ! et pour son désarmement. Mais en 1 976 durant son déplacement de Papeete à celui-ci... Elle coula au large, dit-on...? Mais sans confirmation. Le mystère reste de sa finalité, elle n'était pas contaminée...! pourquoi l'aurait-on, coulée...?

Bâtiment de 147 mètres de long sur 18,5 de large, il déplace 8 700 tonnes. Il est propulsé par 2 moteurs diesel de 8 800 chevaux, à 2pistons opposés, sa vitesse est de 15 nœuds (~28 km/h) pour une autonomie de 13 170 milles (~24 400 km).

Que dire de ces premiers jours d'embarquement, du peu de souvenirs de ce monde nouveau ? J'étais un jeune marin sans expérience, je devais tout apprendre, tout découvrir. Le matelot (appelé du service militaire) que je remplaçais repartait 2 jours plus tard pour la métropole. Tant de choses à apprendre et à assimiler. 2 jours en binômes, 2 jours pour découvrir que mon métier de charpentier ne serait pratiquement qu'inexistant *(à part quelques cercueils pour la quille des appelés, mais aussi des pinoches en bois [quilles coniques] afin de boucher les trous qui apparaissaient par-ci, par-là).* 2 jours à parcourir les coursives pour assimiler le chemin des rondes de sécurité, de nouveau une horloge autour du cou, où je devais tourner chacune des clefs posées dans ces boitiers, qui parsemaient l'ensemble du bâtiment. Je devais parcourir toutes ces coursives en tout sens et sur tous les ponts, tous ces escaliers et ces échelles, qui parsemaient le navire. Oui 2 jours pour enfin mémoriser ces circuits de ronde. Deux jours pour localiser enfin mon atelier, il était situé sous le pont avant.

Que dire de cette chambrée ? La chambrée des *sécuritares* me semble-t-il, cabine d'à peine une vingtaine de mètres carrés, que nous nous partagions à 6. Deux rangées de 3 bannettes (lit à étage), laissant à chacun un espace de 60 centimètres par 60 centimètres et de deux mètres de long, 6 caissons, une table et deux bancs. Le tout fixé au sol. L'adaptation avec ces nouveaux camarades se fit rapidement et sur la proposition de mon officier de service, je faisais partie du service machine, j'acceptais 2 stages. Ils me prendraient une grande partie de mon temps libre en ces premiers temps, mais me libéreraient d'une partie des corvées de la journée. L'un m'apportant le brevet de marin-pompier, la connaissance de tous types de feu, la manière de les combattre, particulièrement en des locaux fermés, mais aussi l'entretien du matériel incendie. Activité qui allait devenir mon poste et mon travail sur cet embarquement ainsi que les quarts au PC de sécurité (et qui sont restées mes occupations dans mes embarquements futurs). Mon deuxième stage pour l'acquisition de mon brevet d'aide décontamineur. Ce qui me surprit quelque peu, ce sont les enseignements qui nous étaient formulés, ce que l'on apprenait et ce que l'on vivait, tant à bord que sur le site, ces matériaux et ces équipements, que l'on nous présentait, mais qui étaient absents à bord. Tous ces règlements, ces préconisations, ces mesures de sécurité décrites, mais où, en aucun moment, elles ne m'avaient été fournies, ou transmises à mon arrivée. En ces temps-là, je n'y prêtais que peu d'attention. Que croire dans ces dangers, invisibles et sournois, dont on ne voyait rien et dont on ne ressentait aucun mal, aucune souffrance ? Je passais avec brio ces brevets, qui me permirent d'acquérir le grade de quartier-maître plus rapidement.

L'équipage, de la *Maurienne,* se composait de 7 officiers, 41 sous-officiers et 129 matelots et quartiers-maîtres et il pouvait accueillir 300 à 400 passagers durant la campagne de tir.

La vie à bord des marins est rythmée par les quarts composés chacun par tour de rôle (pour moi, c'était la surveillance au poste de sécurité et 1 ou

2 rondes par poste). Les tranches horaires, elles s'organisaient par la rotation des équipes aux différents postes. En effet, l'activité permanente d'un marin à la mer impose un travail posté continu 24 h/24 et 7 jours/7 pendant toute la durée de l'embarquement. Pour cela, l'équipage est divisé en trois parties, chaque tiers relayant l'autre au fil de la journée. Ils sont de 2, 3 ou 4 heures (de 8 h à midi, de midi à 15 h, de 15 h à 18 h, de 18 à 20 h, de 20 h à minuit, de minuit à 4 h enfin de 4 h à 8 h). Ce rythme irrégulier permet à tous les tiers d'effectuer l'ensemble des quarts et de ne pas les spécialiser sur certaines tranches horaires. Au fil de la journée, s'enchaînent les périodes de travail, les périodes de sommeil, mais aussi les périodes d'entretien du matériel, de détentes et d'animations. Enfin ne pas oublier les exercices de sécurité qui pouvaient survenir à tout moment de jour comme de nuit, pour ma part je devais revêtir la tenue de pompiers lourds. Chaussette haute et combinaison en coton, + une paire de gants en coton, + une combinaison étanche, + une tenue en amiante avec cagoule, enfin un appareil Fenzy ORM 55 (appareil respiratoire) et une paire de gants en amiante, sans oublier la ceinture où

pendaient clefs et outillages. Revêtir cet équipement en 2 minutes chrono, un délai que je n'ai jamais pu atteindre, malgré tous les efforts possibles. Pour la mise en place des vêtements, cela passait encore, mais le *Fenzy*… ! Que de galères… !

La vie à bord n'offrait que peu de distraction, rien à bord ou sur l'atoll ne mène aux divertissements, que tous les jeunes hommes trouvent en métropole. Pas de boite de nuit ou dancing en fin de semaine, tous les types de spectacles étaient inconnus en ces lieux. Les balades à la campagne ne pouvaient être, elle n'existait que si peu, elle n'était que désertique sous ces ardents rayons solaires. Les rencontres entre copains et copines, cela pour nous ne restait qu'une illusion, les filles en étaient absentes. Qu'elles en auraient été donc l'utilité de telles sorties ! Nous étions déconnectés du monde réel, nous vivions en autarcie, dans un monde qui nous était, dicté, donné, imposé en quelque sorte. Certain soir, nous avions droit à une séance de cinéma. Chacun de nous attendait la feuille de service de la semaine afin de savoir quel film nous allions rater due à notre service de quart.

Mais attention, une certaine censure supprimait tous les films de violence, les films hard ou même de romance. Qu'entendons-nous par là ? Une lassitude de film que nous avions déjà vue en France, des films projetaient sur tous les autres navires de l'atoll à tour de rôle. Je ne me souviens pas avoir vu une séance où les femmes apparaissaient, ne serait-ce qu'en maillot de bain, ou avec des jupes trop courtes, dans la projection de ces films. Si c'est au sens où je le pense, on nous cachait plus tôt la vue des femmes pour ne pas nous donner des idées farfelues qui nous auraient détournés de notre mission...! Même un film tel que *Opération petticoat* ne serait certainement pas passé à cette présente époque. C'était néanmoins un des meilleurs moments de la journée, la projection agrémentée d'une brise de mer au soleil couchant sur la plage arrière au niveau de la piscine en regardant le film !!! C'était super ! Une brise de mer ! Oui, mais il nous arrivait de mettre la vareuse par les soirées fraîches et parfois même le caban quand la température descendait sous 30° et parfois l'arrêt de la projection, le temps d'une averse, courte, mais violente, inondant tout en ces quelques minutes.

En ce temps-là, internet n'en était que dans ces balbutiements, réservés pour le monde professionnel, attendre 1982 pour la sortie du minitel, une avancée technologique ? Mais quelle galère en ces débuts ! Les réseaux sociaux n'étaient pas encore nés. Le téléphone était en ces débuts de ces années 70. Il n'était en France encore que peu développé, il faudra attendre le milieu de la décennie, pour sa propagation en notre pays, donc pour *Muru* n'en parlons pas. Ils nous restaient donc le courrier, mais nous avions ordre de ne pas divulguer toutes informations sur les activités du site. Que nous restait-il ? La description de ces journées, elle ne pouvait être écrite que d'une longue rengaine d'évènements journaliers, continus, sans intérêt pour ce monde, éloigné, qui n'était pas le nôtre. Elles avaient simplement le rôle de lancer un petit coucou, afin de recevoir des nouvelles en retours, même si elles étaient insignifiantes, mais que nous attendions tous. Elles nous replongeaient dans cet univers si lointain et si inaccessible, qu'était la France.

Le dimanche était un jour de repos, n'ayant pas de poste d'entretien le matin, les périodes de quart, quant à elles, elles restaient effectives. Cela nous laissait un moment de liberté de 8 h à 15 h ou de 12 h à 18 h. En mer, cela ne changeait que peu notre train-train quotidien, mais ces moments maritimes étaient rares. Principalement, lors des intersaisons de tir ou de la sortie lors de la journée de tir. Nous, nous étions embarqués, mais à quai, mais comme en mer nous fournissions eau, électricité et gîte pour l'état-major du site, les *"pontes"* militaires ou du CEA. Seuls les moteurs de propulsion étaient à l'arrêt et nous, nous étions amarrés. Nous profitions de ces dimanches pour nous retrouver de temps à autre et par affinité sur le *Motu* de la *Maurienne (chaque navire ou corps avait son propre Motu)*. Le nôtre était conjoint avec celui de la légion. Combien de fêtes avons-nous participé? De même que les barbecues avec les bières à volonté, que l'on passait sur l'un ou l'autre de ces îlots. Que de rencontre et d'amitié ! Avons-nous pu construire ? Sans se soucier de ces dangers, que nous ne pouvions pas apercevoir et qui nous trompaient sur l'incohérence des lieux interdits ou autorisés, l'eau et les poissons étaient partout. On se baignait dans l'insouciance de notre âge. On mangeait les bernard-l'ermite *(Uá en tahitien)* grillés, le bonheur lorsque nous trouvions un crabe de cocotier *(kaveu ou aveu* en polynésien), ou ces pièces de viande, que nous fournissaient parfois le commis et les poissons pêchés *(aux harpons, technique que Tuahiva m'inculqua)* sur place et cuits sur notre feu *(bois de palettes, caisses et autres que nous récupérions un peu partout).* Inconséquence de la jeunesse... !

Tuahiva, dit Titoï (branleur en français), appelé pour ton service militaire, tu te rappelles de ces journées et bien d'autres que nous avons passés en ces temps. Ces quatre cents coups, que nous avons vécu ensemble, toi un ancien pêcheur de perles (tu m'as toujours surpris par ces longs moments, que tu passais sous l'eau). Toi, par la vue d'une photo de ma sœur, tu en avais eu le coup de foudre ! Vous avez correspondu. En fin de ta période d'appelé, tu t'es engagé pour la retrouver, sans même la prévenir. Lors de ton déplacement en France, tu t'es présenté à elle, mais tu as été éconduit, elle te considérait comme un correspondant, non pas comme un amoureux, moi, j'étais déjà reparti en une nouvelle campagne, sur le Commandant Bourdais, me semble-t-il.

Une multitude d'activités sportives nous était proposée, le matériel nécessaire nous était fourni, quel que soit le sport que nous voulions pratiquer dans la limite toutefois des possibilités de l'atoll, les sports d'hiver ou la varappe, par exemple, ne pouvaient pas être possibles. Pour moi le choix fut rapide, la piscine, le *gymnase* et le tir. Pourquoi le tir ? Il ne m'attirait pas plus que cela ? Sûrement, par défi, par contestation de mon interdiction de tir lors de mon passage à *Hourtin*, allez savoir ! Tous me furent acceptés. La piscine, le gymnase et le champ de tir de la légion se trouvaient sur la zone Léa à quelques centaines de mètres de notre mouillage, face au mouillage du *BB Moselle*. Par où commencer, la salle de sport était immense, pourvue de tous les agrès connus en ces années, des tapis de sol par dizaines, alors que je n'ai jamais rencontré plus d'une dizaine de personnes simultanément ? Bien souvent les mêmes. Généralement, nous étions souvent scindés en deux groupes, les bodybuildeurs et nous, dans les mouvements au sol ou sur les agrès, nous n'étions pas du même monde, nous n'avions pas la même perception du sport. Généralement, je profitais du temps libre entre midi et 14 h lorsque je n'étais pas de quart pour profiter de cette salle. La piscine quant à elle était un petit paradis, creusé dans le corail sur le bord de l'océan. Elle se remplissait et se déversait au gré des flux et des reflux de l'océan, elle nous offrait une température constante avoisinant les 30°. Nous nagions au sein de poissons extraordinaires, aux formes et couleurs multiples ; les poissons-chirurgiens à queue rayée, les poissons-napoléons, les poissons-ballons, les hippocampes à gros ventre, les poissons-vaches à dos épineux, les poissons-écureuils à petite bouche, les murènes étoilées et tant d'autres qu'un livre ne suffirait pas pour les nommer tous. Mais surtout, nous devions éviter les extensions de corail qui coupaient telles des lames de rasoir, mais quel rêve, quelle détente et quel plaisir! Avec l'accord de notre commandant sur les quelques moments de nos temps libres, je pratiquais avec 3 ou 4 de mes compagnons, armés de palmes, masques, et tubas, la traversée du lagon de Kathie à Nicole puis retours, pour moi je pratiquais la brasse coulée. Nous étions accompagnés par sécurité d'un bosco en barcasse. Concernant l'activité de tir, je devais récupérer une carabine de type, 22 long rifle et des cartouches doubles longues à l'armurerie de la légion et surtout rapporter les cartouches vides. J'étais rarement seul au stand et de toute manière 2 ou 3 légionnaires arrivaient rapidement ! Nous nous engagions dans des concours que je perdais souvent et dont le pari était des caisses de bière et cela m'amène au dernier loisir pratiqué à terre.

Le foyer, disons plus tôt les foyers, celui qui nous était accessible 1 jour sur 3 (dû au service de quart) était le foyer de Kathie, le foyer du personnel des hélicoptères, me semble-t-il. Il nous était accessible le soir de 18 à 19 h. Combien de cannettes, achetées par caisse de 48, avons-nous bues, cul sec, par habitude ? Il faut le comprendre ? Durant la période des tirs, l'atoll était envahi de mouches par million si nous lâchions le goulot, serait-ce, que pour reprendre notre respiration, il y avait dans la bouteille plus à manger qu'à boire. Certain soir, finissant le quart à 18 h, après le repas, nous passions les soirées au bar des légionnaires avec les camarades, où je devais régler mes pertes au tir et où l'on commandait les *Manuia, (bière provenant de Tahiti, fabriqué à base de bile de bœuf !... Ou de riz ?...Disait-on ? En raison de sa qualité gustative ?*

... Peut-être ?... Sûrement ! Aller savoir ? Son degré d'alcool lui était variable, pratiquement nul durant les jeux du Pacifique. Quelques années plus tard, me semble-t-il ? Une demande d'importation en France fut interdite ! Allez donc comprendre !) Nous, nous la consommions par caisses entières... Et où chacun buvait et offrait sans distinction, liant les amitiés entre les deux corps. Il faut comprendre que, chez les légionnaires en ces temps-là, le terme de camaraderie avait un tout autre sens que le nôtre. Pour eux, il correspondait *"À la vie à la mort",* une règle, que j'ai eue en diverses occasions d'en avoir la confirmation. Le retour de ces soirées, en groupe paillard, poursuivit par ces chants incertains, sur la route qui bordait le lagon, une distance d'à peine 2 km, il nous prenait du temps, par le fait de la distance qui s'allongeait, par ces démarches chancelantes et par cette dernière caisse de bière sur l'épaule. Un don, que, bien souvent, nous offrait un légionnaire. De temps à autre, allez savoir pourquoi, l'un d'entre nous décidait de rentrer seul. Son retour se passait très souvent sans encombre, mais parfois à l'appel du matin, il était manquant, nous le retrouvions en des coins improbables, ou par son retour tardif (il avait

dormi quelque part sur le chemin de retour). En de rares cas, 1... 2... 3... fois ! en ces 19 mois, je ne saurais le dire, parfois ma mémoire à des lacunes, ou elle est fermée à tout jamais. Mais il restait manquant à l'appel, malgré les recherches tant sur terre que par les plongeurs. Un jour où la houle était forte, nous étions 3 ou 4 sur le ponton, je ne me rappelle plus à quelle occupation. Le fort roulis de celui-ci avait dû décrocher un corps, gonflé et boursoufflé, noir, rouge, bleu ou vert, je ne saurais le dire, il était là, il flottait entre deux eaux. Il était partiellement dévoré. L'image, entre diverses autres, était atroce, insoutenable, inadmissible. Encore, 50 ans plus tard, elle m'empêche de voir un mort.

De temps à autre, certains de nos camarades légionnaires, pour des raisons de service, évidemment ! faisait un crochet à bord. Après quelques verres de picrate et de potins locaux échangés, ils repartaient avec une touque de rouge, oubliant même parfois la raison de leurs passages. Mais, qu'importe cela, ils laissaient à d'autres la nécessité de passer.

Laissons un peu ces activités externes pour remonter à bord. Tout d'abord, il faut comprendre ce qu'est la vie de marin. L'ancienne marine existait encore lors de mon engagement, avec ses on-dit et ses croyances, d'où mon embarquement comme charpentier. Sûrement dû à une habitude et à une nécessité compréhensible sur les bâtiments en bois, je fus, de ce fait, un des derniers engagés et embarqués à ce titre. Le lapin, quant à lui, était le vestige d'une époque où les cordages étaient en chanvre, donc elle était aussi, leurs nourritures principales. Enfin les femmes, où il est certain que sa cohabitation avec un personnel masculin, rude, ne pouvait qu'engendrer des tensions et des frustrations lors de ces longs mois de navigation. Les changements arrivaient rapidement, la modernisation survenait à grands pas sur les grands bâtiments, la gent féminine faisait son apparition dans les équipages et les lapins devenaient des on-dit ou des discours pour les anciens. Mais la cohabitation, elle restait une existence en autarcie, en circuit fermé, où chacun était tributaire des uns et des autres. Bien sûr, il y avait les clans, l'équipage, les officiers mariniers et celui des officiers, mais le respect du rang militaire l'oblige. La déférence devait être de mise entre ceux-ci, sinon la vie à bord devenait insupportable. Des groupes de camaraderie ou d'amitié se fondaient suivant les affinités, mais chacun avait besoin d'autrui. Pour moi, ces relations étaient facilitées dues à ma spécialité de charpentier. (Quelques morceaux de bois, prêt d'outillage spécifique, menus travaux sur le bois, quilles et cercueils pour les appelés, cadres photo et bien d'autres petits travaux. Qu'il me serait, toutefois bien trop long à décrire.) Ces menus services m'apportaient maintes entrées dans les différents services, celui que je chouchoutais le plus était tout de même les cuisines.

Il faut dire que, sur la *Maurienne*, l'hébergement de l'état-major et surtout du personnel du CEA apportait une rétribution financière supplémentaire aux 2 cuisines. Il était de notoriété que le restaurant du CEA du bâtiment était le meilleur de *Muru*. L'équipage profitait bien de ce surcroît, grâce aussi, à la bonne entente entre les commis et les cuistots, bien sûr notre cuisine était légèrement moins raffinée ni même aussi bien présentée, mais elle était de qualité et copieuse. Elle permettait ainsi d'être les 3 rendez-vous incontournables de la journée, les services de 7 h à 8 h pour le matin, ou bien trop souvent, le café était agrémenté d'une dose de tafia *(rhum),* plus ou moins conséquente, de 11 h à midi pour le déjeuner, enfin le soir, de 17 h à 18 h ou l'on nous servait un picrate hors du commun. Comprenez ! Celui-ci était conservé dans un container métallique positionné sur le pont supérieur réchauffé par les ardents rayons solaires. Cette conservation était aussi assujettie à la conservation du tafia. Ces périodes de ripailles permettaient ainsi à chaque bordée de prendre son repas normalement avant ou en fin de quart. Pour nous les *sécuritares,* un petit avantage des cuisines nous était fourni pour la ronde du matin ou bien celui de la nuit, un casse-croûte était placé là, près de l'horloge de la cuisine d'équipage où nous devions tourner la clef.

Une autre activité à bord qu'une bande de copains prenait à cœur était la piscine sur le pont arrière au niveau de l'héliport, mais bien avant celui-ci. Bien sûr, elle n'était pas autorisée à la baignade pour l'équipage, ni même aux officiers mariniers et officiers. Même nos passagers ne pouvaient en bénéficier. Les seuls à en jouir étaient les spécimens de la faune marine locale. À mon arrivée, la maîtresse de ces lieux était une tortue, majestueuse dans son mètre d'envergure. Elle était aveugle, elle-même vétérane des essais nucléaires, elle n'avait pas suivi les instructions données, les yeux brûlés par le flash d'un essai précédent. De même que sa compagne protégée par la peur qu'elle promulguait, une murène javanaise *("Gymnothorax javanicus", elle est* également appelée, murène géante, ou *"puhi"* en tahitien). Elle était royale, olympienne, indolente dans son antre. Elle ne faisait que de rare apparition, mais surtout par la venue d'un commis du bord lui apportant sa pitance, viande rouge cru jetée à l'eau. Les acrobates de ces lieux, une troupe d'aiguillettes ou *"morphies"*, me semble-t-il 4 ou 5 tout au plus, que nous devions remplacer de temps à autre, hormis la reine de ce troupeau que j'ai toujours connu, une aiguillette de plus d'un mètre, reine de ces lieux, qu'elle parcourait parfois à une vitesse folle et en des ronds incessants. Enfin, en cette cour royale, cette multitude de poissons multicolores, aux formes variées, que nous devions remplacer cycliquement grâce aux conseils avisés de *titoï* sur les techniques de pêche polynésienne. Le fond de cette piscine était une réplique des fonds marins du site. Qui l'avait conçu…? Je ne l'ai jamais su. Son utilité ? Encore moins le pourquoi ? Je ne le sais pas. Mais pouvions-nous en douter, expérience…, expérience !

Parlant des aiguillettes, un souvenir me revient, la pêche de celles-ci. Nous la pratiquions certain soir, à *Muru*, le soleil se couchait entre 17 h 30 et 18 h, nous nous positionnions sur des îlots de corail, un fanal posait au ras des flots. Puis nous attendions leurs venues. Attiraient par cette lumière, elles fonçaient droit sur ces coraux et bien souvent s'assommaient. Mais il fallait faire vite pour les attraper, car le danger était là, surtout ne pas mettre les pieds dans l'eau, ou y laisser les mains, la rencontre avec un de ces poissons se révélait désastreuse et dangereuse.

La piscine, durant les temps de repos ou bien le soir bien après le cinéma, devenait un temps d'évasion, de méditation, très souvent en solitaire, mais parfois en un petit groupe espacé, chacun dans son petit coin, absent les uns des autres. Un temps où ces pensées se plongeaient dans ces espérances, ces rêves, où le regard bien souvent pénétrait en ce bassin à la vie mouvementée, rêvant à une vie ici absente, à une vie perdue, une jeunesse à tout jamais dépossédée, pour un acquis d'un autre temps. Ces instants d'oublis, de contemplation et de béatitudes nous ressourçaient à ces vies en perpétuels mouvements, sauvages, parfois cruelles, mais si vivifiantes. De temps à autre, l'un de nos camarades était rapatrié en France, bien avant la fin de son contrat, la raison mentale, n'avait pas tenu le choc…

Les baignades à *Muru*, que cela soit à la piscine à terre ou dans le lagon, il faut le reconnaître, les informations sur ce sujet n'étaient pas légion (non pas légionnaire, mais parcimonieuses), pour ne pas dire inexistante ou incohérente, pour nous, pauvres bougres ignorants que nous étions. Allez comprendre qu'ici, la baignade était interdite, que 20 mètres plus loin elle était autorisée. La piscine, elle, était toujours autorisée. Les seuls dangers que nous comprenions étaient les poissons-pierre, *Nohu en tahitien*. Il est tout simplement le poisson le plus venimeux du monde et un des plus dangereux. Le venin du poisson-pierre, c'est un neurotoxique qui a pour but d'attaquer le système nerveux et de paralyser les muscles. Lorsqu'une personne est touchée, elle ressent une douleur très violente qui remonte dans le membre touché. Un gonflement apparaît, avec une coloration bleue ou noirâtre autour de la zone. Dans les cas les plus graves, la personne piquée peut s'évanouir ou faire un arrêt cardiaque. Je me souviens de cette fois, mais qui, je pense, elle ne fut pas la seule ? Nous étions réunis, marins et légionnaires en des jeux et beuveries sur la plage de Martine. Un bleu, jeune marin fraîchement débarqué sur *Muru,* s'était aventuré au sein des îlots de corail par ignorance ou par incompétence. Il se fit piquer par un tel poisson. Un légionnaire qui s'en était aperçu se porta rapidement à son secours sans même réfléchir aux risques encourus. Le marin fut transporté sur la Rance. Il s'en sortit tant bien que mal, mais il fut transféré sur Papeete tout de même. Quant au légionnaire, il ne put survivre aux multiples blessures et coupures dues à ces chutes dans le corail.

Dans ces journées à bord, il y avait aussi les postes d'entretiens, les corvées de vivres, le détartrage des tubes des bouilleurs et des chaufferies. Un travail harassant effectué par les mécanos, qui en était le démontage, le détartrage et le grattage de ces conduites. Parfois même, elles se perçaient d'où le rôle des pinoches, mais il m'arrivait même, parfois, de les placer sur le circuit en fonction. Il arrivait de même que ces tubes éclatent au sein des locaux machines et laissaient aux personnels de quart des accidents, parfois, aux conséquences graves. Mais chacun dans son rôle avait sa tâche ! La peinture de la coque et des superstructures en était une. Jean-Marie, un ami, dont la vie nous a séparés ! Es-tu encore en vie ? Te souviens-tu aussi des corvées d'entretien de la coque, dans un renouvellement continuel de la peinture blanche et une interdiction de piquer la rouille de peur de percer la tôle. Toi, en tant que bosco..., mousse dans la marine marchande, un appelé qui n'avait rien demandé. Tu t'amusais de la peur des néophytes, combien ont failli faire dans leurs culottes, car la *Maurienne* avait quand même une certaine hauteur, un certain *"tirant d'air, comme qui dirait certain"*. Et les nouveaux étaient assis sur ces nacelles, elles étaient étroites, un genre de balancelle. Elles étaient reliées au treuil du pont principal par 2 bouts (cordes) à une dizaine de mètres au-dessus, il y avait les pontons sur un côté avec les deux coupées ou la peinture se réalisait avec des rouleaux emmanchés sur de longues perches. Côté lagon, sur l'avant et l'arrière, il fallait peindre la coque de la BB sur ces fameuses balancelles. La galère, quand l'ancien, sur le pont, disait :

– On descend.

Ils avaient hâte qu'il dise :

– On remonte !!!

Mais là aussi, ils leur étaient nécessaires à faire encore plus attention, le jeu était de les faire tomber dans l'eau, par une remontée différente des 2 bouts. Quelle rigolade, si l'un ou l'autre chutait, mais cela se terminait toujours avec quelques tournées de bières ! Les anciens quant à eux se réservaient la partie basse au droit des pontons et des échelles de coupée, les rouleaux sur de longues perches, mais aussi les infrastructures supérieures au pont principal. Pour ma part, mon atelier devait être peint en blanc. Que de couches, j'ai pris le temps de passer, mais, inlassablement de blanc, il se colorait au beige, puis au brun et pour enfin finir au marron ! Il était temps de recommencer. La chaleur (50° en moyenne et bien souvent supérieurs), juste sous le pont avant y était pour quelque chose, mais les ordres étaient les ordres, le marron ne m'aurait pas dérangé, mais...! il devait être blanc.

Durant la période des essais ! En d'autre temps cela n'aurait pu être. Durant le poste de propreté, à l'arrivée du DC6 du matin, chacun trouvait une occupation, à bâbord, du navire, sur le bastingage, côté ponton. Nous étions dans l'attente d'un hypothétique passage des auxiliaires militaires féminines de l'armée de l'air, convoyeuses du personnel civil et militaire qui embarquaient sur la *Maurienne*. Chacun rejoignait son poste dès qu'elles avaient franchi la coupée et disparu dans les ponts supérieurs réservés aux passagers. Bien souvent, elles n'auraient pu être sujettes que d'un regard furtif et encore bien moins souvent d'avoir le rang de canons, mais elles étaient tellement belles pour les pauvres hères de l'atoll que nous étions. En dehors des bernard-l'ermite, il n'y avait pas grand-chose!!! Disons grand monde... Et pourquoi, ces représentantes de la gent féminine aux grades de sous-officier, à *Muru,* déjeunaient et dînaient au restaurant des officiers. Allez savoir pourquoi. Alors qu'à Tahiti, elles se retrouvaient et la salle à manger des sous-officiers. Avaient-elles donc un statut particulier, les officiers étaient-ils moins dangereux?

Mais je dois le reconnaître, à *Muru,* nous avions nos femmes...! Elles étaient là, immuables, immobiles, en rang d'oignon sur le pourtour de l'atoll, certaines étaient esseulées, voire inconnues. D'autres, à peine rencontrées, mais certaines, étaient courtisées, voire même utilisées. La présentation de ces gentes dames me semble utile, de même nécessaire, car, en ces moments présents, elles doivent être abandonnées, oubliées en ces contrées lointaines :

Giroflée, petit îlot dans les passes, qui nous souhaitaient le bonjour lors de nos arrivées ou nos départs.

Grue, Annie, Iris, Eider, Ara, Fuchsia, Faucon, Zoé, Viviane, Colette, Danielle, Ursula et enfin Dahlia... Ouf! Mais je dois en oublier quelques-unes. Elles étaient toutes dénudées. Seules en ces lieux, où il n'existait que du corail broyé, fondu où nous n'avions aucune raison de leur rendre visite. Malades ou moribondes qu'elles étaient, par ces successions de chaleurs, de ces rave-partys, de ces sons et ces lumières que leur apportaient ces tirs multiples.

Denise et Dindon, secrètes, elles étaient interdites de visites. Massives, imposantes, sans charme, elles ne nous faisaient pas rêver.

Odette, Nicole, nos préférées, elles nous attendaient, nous, *Mauriennais* et légionnaires. Elles nous ouvraient les bras en ces Motus, résidences de nos escapades dominicaines, pêches, barbecue et déconnades étaient assurés.

Paulette, Queen, Reine, Simone, Thérèse, elles

aussi étaient accueillantes, mais pas pour nous ! Pour d'autres équipages sûrement, elles offraient ces Dominique de repos.

*Anémone, d*étentrice du PCT *(poste de contrôle de tir)* et de l'air du gonflage des ballons, elle était reine des directives et secrète dans ses actions.

Hélène, Irène et Jeanne, hôtesses de nos atterrissages et décollages, elles avaient cette gentillesse de réceptionner les vivres, le picrate, le tafia et parfois même, rarement, vous le comprendrez, un visage féminin, éphémère et rapide.

*Kathie, Léa, Martine, e*lles étaient les plus accueillantes, elles nous donnaient tout, elles nous offraient une multitude de services... Enfin...! Le mouillage des bâtiments bases et autres de nos lieux de vie ! Les 2 foyers, la piscine, la salle de sport, le stand de tir, et bien d'autres encore sans oublier nos amis de la légion et les pilotes d'hélicoptères et aviateurs.

Nous en avons fait le tour et bien sûr j'en

oublie quelques-unes par ignorance ou par indifférence, mais nous n'en avons rencontré aucune d'entre elles. Nous avons franchi des lieux, des Motus, et n'avons fait aucune de ces rencontres, la population n'était que masculine. Pour nous, elles n'étaient que des noms, elles n'étaient qu'une longue liste de litanies de saintes. Enfin, s'il n'y avait pas de saintes, peut-on croire qu'ils s'y trouvaient des personnages sains, sur le site ?...

En ces temps-là, et en ces lieux, l'homosexualité n'était pas bien vue, même interdite au sein de ce règlement militaire. Honte à ceux qui se faisaient surprendre en des positions sans équivoque. Ils étaient réexpédiés en France dans les plus brefs délais, et même chassés de la marine, disait-on !

Dans un moment d'achats compulsifs, j'avais fait l'achat de 2 ou 3 tee-shirts de couleurs différentes à la coopérative du bord. Ils portaient l'inscription *"Centre Expérimentation du Pacifique"* en cercle autour d'un Tiki. Cela m'avait paru, à cette époque, important de porter cette marque de la communauté à laquelle j'appartenais. Je les ai gardés pendant quelques années. Ils étaient neufs, jamais portés, encore emballés, je ne sais pas pourquoi, peut-être la conjoncture du nucléaire. Peut-être l'incohérence de la représentation du symbole nucléaire international ? Qui, lui, comportait 3 anneaux atomiques. Le Tiki, lui, n'en comportait que deux ! Mais peut-être que cela n'est qu'une mauvaise interprétation du signe, ne serait-ce pas le ballet incessant des mouches tant présentes à *Muru ?...*

Ou bien ? Cet animal, insecte, isotope ou tout autre nom qui le désignerait, car, sur *Muru*, nous avions *Zébulon* ! Bien sûr, tous les habitants de cet atoll le connaissaient !... De nom simplement, car nul en ces lieux n'avait eu la chance de le voir. De le rencontrer en des lieux multiples ? Oui !, mais l'apercevoir ? Non ! Ils étaient de ces éléments cachottiers et sournois, invisibles et dangereux, pour les pauvres êtres que nous étions. Les racontars disaient qu'ils étaient apparus des secteurs de Dindon et de Denise. Qu'ils s'étaient établis en tous ces recoins, ces lieux, certains affirmaient même qu'ils avaient envahi des contrées bien plus lointaines ! Mais que croire ? Qui croire ? Cela ne serait-il pas qu'une fabulation collective, serait-il possible de cacher ce monde parallèle ? *Zébulon* n'était peut-être qu'un mythe, un conte. Pouvions-nous vivre dans un monde futuriste ?

En 1971, la situation météorologique était marquée par un mauvais temps fréquent, dans une suite d'événements complexes, instables. Des vents violents d'une force que rien ne pouvait détourner ou réduire et les grains puissants entraînaient des retards dans le gonflage des ballons. Pour nous sur la *Maurienne* ils comportaient des dangers certains. Malgré le doublement des aussières (*amarres dites super-cobra, un mélange de nylon et d'aciers de 10 cm de section nous ancrant le long des pontons et sur le fond marin*). Nous nous terrions à l'abri dans le navire, attentif à tous ces sons, qui sortaient de l'ordinaire. Le ronflement sourd des vents dans la superstructure et les mâts de charge, le roulis que prenait peu à peu le bâtiment, les chocs sourds et les frottements de la coque avec les pontons, mais ce qui me (nous je ne sais ?) terrifiait, c'était ce sifflement aigu d'une césine d'acier, ou d'un câble d'acier, oublié là, ou trop tendu et qui reprenait trop d'effort. Une stridulation aiguë blessant les oreilles et pouvant durer plusieurs minutes et bien plus encore jusqu'à ce coup de canon résultant de sa rupture, de sa déchirure et de sa fin. Une fois, en ces premiers mois de mon embarquement, me semble-t-il, en raison de son ignorance, de son incompétence, ou d'un pari idiot comme tant d'autres promulgués à *Muru*, un matelot sorti sur le pont, fanfaronnant ? Le son du canon apporta la rupture du câble et la fin de vie d'un jeune homme.

Bien plus souvent tout de même, les vents n'étaient pas aussi violents, ils n'apportaient qu'un léger roulis aux pontons, mais qui, malgré tout, les rendaient bien mouvants ? Que de rigolades sur les ponts supérieurs, voir ces bleus aux pieds pas encore marins, lors des corvées de vivres ou de poubelles, perdre l'équilibre dans le fracas de caisses, ou par l'éparpillement des déchets ! Tous, nous attendions les chutes dans le lagon, mais cela n'arrivait que très peu souvent, peut-être 1..., 2..., 3 fois mes souvenirs me restent vagues à ce sujet.

Le 20 juin, la Greenpeace III escortée par deux

autres navires contestataires, l'un Anglais, l'autre Australien, ils arrivèrent dans la zone interdite, le fameux *"bouchon de champagne"* et ils ne seront pas inquiétés le 25 juin où eut lieu le premier essai de faible puissance de cette campagne de 1972. En juillet 1972 et en prévision d'un tir de plus forte puissance, la Greenpeace III tente par sa présence de contrer les essais nucléaires atmosphériques français dans le Pacifique, *La Paimpolaise* se porte au-devant du voilier contestataire pour lui porter un message. La *Greenpeace III,* peut-être suite à une fausse manœuvre, heurte le patrouilleur, avec son étrave ou vice versa, chacun étant dans leur propre version. Il fut arraisonné par La *Paimpolaise* et fut ensuite conduit à *Mururoa* pour une réparation sommaire avant d'être escorté jusqu'aux îles Cook.

Un bouquet de feux

Recueil des rêves ésotériques

Assis, dos tournés à l'horizon, nous voguons.

La tête dans les genoux, nous attendons.

Dans une attente fébrile, nous peinons.

Les yeux clos fermés, nous rêvons.

Un flash puissant nous surprend.

20 secondes passent, nous nous redressons.

Les yeux s'ouvrent, nous nous retournons.

Une boule de feu éclate, nous regardons.

Le champignon s'élève, nous admirons.

Beauté subjuguée, nous repartons.

Insouciants, nous revenons.

Incroyants, nous mourons.

Cinquième chapitre les essais

Parlons maintenant des bombes atomiques du type H, oui depuis 1968 la France a abandonné les essais sur les A *(pour rappel et pour faire simple, Little Boy à base d'uranium explose sur Hiroshima. Elle anéantit la ville sur une zone de 12 km² en une fraction de seconde. La puissance de l'engin est de 13 kt. La température au centre de l'explosion frôle les 4 000 °C, c'est une bombe A de type fission).* La bombe H, ou plus communément appelée bombe à hydrogène ou thermonucléaire, elle est à fusion. Une bombe H est, pour schématiser, une bombe à 2 niveaux. Le premier étant une bombe A qui déclenche la fusion du deuxième niveau, sa puissance peut aller jusqu'à plusieurs milliers de fois, celle d'une bombe A, soit l'équivalent de l'explosion de quelques dizaines de mégatonnes de TNT. À son point Zéro, la température s'élève à plusieurs millions de degrés.

Pour ma part, j'ai assisté et participé à 3 campagnes de tirs, en 1971 et 1972 sur la *BB Maurienne* et 1974 sur le *commandant Bourdais*. Au total, 19 essais pour une puissance totale de 1 950 kilotonnes environ soient 150 fois Hiroshima *(treize Kilotonnes)*. L'ensemble avec une puissance destructrice des milliers de fois plus destructeurs qu'une bombe A.

Essais que j'ai suivis, embarqué sur le *BB Maurienne* basé sur *Mururoa* pour l'hébergement du personnel.

Dioné, le 5 juin 1971 à 10 h 15, une bombe sous ballon de 10 000 m³ d'hélium, à une altitude de 275 mètres et de 34 kilotonnes. Elle est tirée sur Denise à une distance de 600 mètres. Nous effectuons le retour dans l'après-midi même, le mouillage à Kathie et l'embossage le lendemain matin.

Encelade, le 12 juin 1971 à 10 h 15, une bombe sous ballon de 14 000 m³ d'hélium, à une altitude de 450 mètres et de 440 kilotonnes. Elle est tirée sur Dindon à une distance de 1 400 mètres. Nous effectuons le retour l'après-midi même, le mouillage à Kathie et l'embossage à J+3. N'allez pas croire que la contamination en était la raison et que les poêles à frire bipaient à tout-va, non ! peut-être, tout simplement, un retard d'information, ou l'oubli de celui-ci. *L'atoll de Tureia,* quant à lui, il est de nouveau touché par des retombées radioactives, mais chut !...

Japet, le 4 juillet 1971 à 12 h 30, une bombe sous ballon de 10 000 m³ d'hélium, à une altitude de 230 mètres et de 9 kilotonnes. Elle est tirée sur Denise. Nous effectuons le retour dans l'après-midi même, le mouillage à Kathie et l'embossage le jour même.

Phoebe, le 8 août 1971 à 9 h 30, une bombe sous ballon de 10 000 m³ d'hélium, à une altitude de

230 mètres et de 4 kilotonnes. Elle est tirée sur Denise à une distance de 600 mètres. Nous effectuons le retour dans l'après-midi même, le mouillage dans le lagon et l'embossage à J+3. Ce jour-là encore, les informations passaient mal ? Ou peut-être ! Permettait-elle à la faune marine de réintégrer leurs lieux de vies ? Les îles Gambiers, quant à elles, sont touchées par des retombées radioactives et là, aussi... Chut !, serait-ce encore que des on-dit ?

Rhéa, le 14 août 1971 à 10 h, une bombe sous ballon de 14 000 m³ d'hélium, à une altitude de 480 mètres de 995 kilotonnes, elle est tirée sur Dindon à une distance de 1810 mètres. Nous effectuons le retour l'après-midi même, le mouillage dans le lagon et l'embossage à J+1. Elle est pour moi la plus importante, des essais auxquels j'ai participé.

Umbriel, le 25 juin 1972, à 10 h, une bombe sous ballon de 10 000 m³ d'hélium, à une altitude de 230 mètres et de 0,5 kilotonne. Elle est tirée sur Denise à une distance 600 mètres. Nous effectuons le retour l'après-midi même, le mouillage à Kathie et l'embossage le jour même.

Titania, le 30 juin 1972 à 9 h 30, une bombe sous ballon de 14 000 m³ d'hélium, à une altitude de 220 mètres de 4 kilotonnes. Elle est tirée sur Dindon à une distance de 600 mètres. Retour dans l'après-midi même, mouillage à Kathie et l'embossage le lendemain matin. Tout de même ces temps d'embossages différents, que pouvions-nous penser. Oui, le temps de contamination ne devait être qu'éphémère !

Obéron, le 29 juillet 1972 à 9 h 40, une bombe sous ballon de 14 000 m³ d'hélium, à une altitude de 220 mètres et de 6 kilotonnes. Elle est tirée sur Dindon. Nous effectuons le retour l'après-midi même, le mouillage à Kathie et l'embossage le lendemain matin. Peut-on ? Confirmer ces suppositions, étant des novices, nous pouvions croire en ces passages rapides, qui se fondaient dans le néant.

Ariel, le 31 juillet 1972, une bombe Expérience de Sécurité, de 0.01 kilotonnes. À 12 mètres d'altitude sur une tour en bordure de lagon. Elle fut le dernier tir de cette année, et pour moi aussi le dernier tir de ces deux campagnes. L'année 1973, je n'ai participé à aucun essai.

Essai, que j'ai suivi embarqué sur le Commandant Bourdais stationné à *Mururoa*.

Capricorne, le 16 juin 1974, à 8 h 30, une bombe sous ballon, à une altitude de 220 mètres et de 4 kilotonnes. Elle est tirée sur Dindon à une distance de 700 mètres. Observateurs étrangers : *le Huntsville (bâtiment US), les deux bâtiments*

soviétiques, le Akademik, le Shirshow et le Priliv, ainsi que le Sir Percivale (GB) et au plan aérien, un AC 135 (US) et accompagné d'un ravitailleur KC 135.

Essai, que j'ai suivi embarqué sur le Commandant Bourdais, en surveillance maritime et suivi météo.

Bélier, le 1er juillet 1974, sur tour, une bombe d'expérience de sécurité, altitude 5,6 mètres et de 0 kilotonne.

Gémeaux, le 7 juillet 1974, à 14 h 15, une bombe sous ballon, altitude 312 mètres et de 150 kilotonnes. Elle est tirée sur Dindon à une distance de 700 mètres. Les observateurs étrangers sont les mêmes que pour l'essai précédent.

Centaure, le 17 juillet 1974, à 8 h, une bombe sous ballon, altitude 275 mètres et de 4 kilotonnes. Elle est tirée sur Denise à une distance de 700 mètres. Elle contamine via des pluies localisées l'île de Tahiti et les îles sous le vent.

Maquis, le 25 juillet 1974, est le dernier essai largué à partir d'un avion, à une altitude de 250 mètres et une puissance de 8 kilotonnes. Une bombe nucléaire tactique militaire larguée à 20 km au sud-ouest de *Mururoa* depuis un avion Jaguar A. Les observateurs étrangers sont les mêmes que pour l'essai précédent.

Persée, le 28 juillet 1974, une bombe d'expérience de sécurité de 0,001 kilotonne.

Scorpion, le 15 août 1974, à 10 h 15, une bombe sous ballon, altitude de 312 mètres et de 96 kilotonnes. Elle est tirée sur Dindon à une distance de 1 000 mètres. Les observateurs étrangers sont les mêmes que pour l'essai précédent.

Taureau, le 24 août 1974, à 14 h 45, une bombe sous ballon, altitude de 270 mètres et de 14 kilotonnes. Elle est tirée sur Denise à une distance de 700 mètres. Des retombées sont constatées sur les îles Gambiers. Les observateurs étrangers sont les mêmes que pour l'essai précédent.

Verseau, le 14 septembre 1974 à, 14 h 30, une bombe sous ballon, altitude de 433 mètres et de 332 kilotonnes, elle est tirée sur Dindon à une distance de 1 400 mètres. Les observateurs étrangers sont les mêmes que pour l'essai précédent, mais un intrus involontaire, le chalutier sud-coréen *Fuyan*, transite du sud au nord à une soixantaine de nautiques de *Mururoa*.

Ce tir du 14 septembre 1974 est le dernier tir aérien effectué en Polynésie, les tirs suivants ne furent que des tirs souterrains à *Mururoa* ou *Fangatofa*. Je m'excuse de ce long conciliabule, mais il me semblait nécessaire dans la compréhension de ce qui était la vie sous ces tirs nucléaires aériens, de cette non-contamination... Ah! AH! et d'une irradiation inconnue...? pouvons-nous le croire?

Pour nous, les prémices d'un tir étaient le gonflage d'un ballon, nous ne pouvions pas le manquer par sa couleur, effectivement, il était jaune vif, pour ne pas dire précisément jaune éclatant. Ils étaient inspirés des ballons captifs utilisés lors des deux guerres mondiales. La zone de gonflage s'étendait près du bunker du poste de commandement de tir *(PCT)*, sur la zone Anémone contiguë à la zone Martine. D'une longueur d'environ 70 m, pour un diamètre de 20 m et d'un volume variable de 10 000 à 14 000 m³, il était gonflé à l'hélium, suivant le poids en charge de la nacelle. Il permettait, ainsi l'explosion de la bombe entre 200 et 500 mètres d'altitude, ce qui, effectivement, réduisait l'avalage. *(non pas dans le sens de descendre au sol, mais d'avaler par aspiration.)* Elle permettait ainsi, dans une moindre mesure, l'aspiration de l'eau et des sédiments du lagon, de l'océan, les poissons qui ne demandaient rien que de vivre, les poussières, les débris de coraux et autres matériels et autres matériaux dus aux essais. *(Matériels militaires, véhicules, même des chars, mais aussi bien d'autres plus ou moins reconnaissables après chaque tir.)* Ces aspirations, elles, retombaient rapidement, mais ! … Mais elles n'étaient que si peu polluées ? Si peu contaminées ? Si peu radioactives ? Que l'après-midi même, nous pouvions mouiller dans le lagon, voire de même, embosser à Kathie ? Nous pouvions pomper l'eau de mer pour la production d'eau douce, mais aussi pour la décontamination. Mais oui, ces retombées contaminées ne se posaient qu'en des lieux bien précis, peut-être même facilement discernables, ou peut-être qu'elles se diluaient dans cette masse liquide, en des doses infinitésimales.

Eh oui !, nous quittions l'atoll durant le tir. Pour nous, cela annonçait un changement dans nos routines, nous devenions marins. 24 heures avant, les mécaniciens mettaient les machines en chauffes, nos passagers étaient casernés, il fallait rapatrier à bord tout ce qui était possible...! Non, n'allez pas croire à un risque quelconque de contamination ou d'irradiation, mais peut-être pour empêcher le risque de vol... Allez savoir ?

Pour ma part, l'après-midi était consacré à l'appontage de 5 alouettes II *(hélicoptère français, qui peut emporter, outre le pilote, trois passagers. Il est propulsé par un turboréacteur à 530 CV et comporte un rotor à trois pales articulées et une petite hélice anticouple. Son poids, à vide, est de 890 kg. Sa vitesse maxima est de 205 km/h. Son plafond est de 3 300 m et son rayon d'action de 720 km).* Que dire de l'embarquement de ces

5 hélicos sur un demi-cercle de 18,5 mètres en tenue de pompier des heures durant sous un soleil de plomb ? Comprenez, faire atterrir 5 hélicos sur une surface de 45 m², avec dans certain cas une légère brise. Cet exercice demandait aux pilotes une très grande maîtrise de leurs machines, le premier à apponter avait la chance de la totalité de l'hélisurface. Dès l'arrêt du rotor, une équipe pliait les pales, il déplaçait et positionnait la machine dans un ordre bien défini et le fixait au pont d'envol. Rapidement, le second se présentait, le manège recommençait, la surface d'atterrissage se réduisait, l'appontage se prolongeait quelque peu, les tentatives se multipliaient, le temps passait, le troisième et le quatrième prenaient leurs temps. Le cinquième quant à lui s'éternisait dans son atterrissage par les difficultés qu'elles représentaient. Ces heures passées dans l'attente, lourdement habillée sous cette chaleur, nous épuisaient, je maudissais ces appontages, préférant la rencontre avec ces pilotes au bar Kathie. Il faut reconnaître tout de même qu'aux files de mon temps de campagne le nombre d'hélicos diminuât. Accident ou mauvaises maîtrises de certains gestes, ou bien encore un jet de lance

incendie mal dirigé ou d'une manœuvre involontaire.

Ces rencontres avec les pilotes, en dehors de ces appontages, au bar Kathie, entre deux *Manuias,* elles m'ont permis par deux fois de faire un tour en hélicos ayant sympathisé avec ces pilotes. La première fois, elle fut brève. Le survol rapide du lagon et un retour désastreux, le *saute-cocotier* tout comme le saute-mouton, mais avec un hélicoptère et des cocotiers. Il me fallut un long moment pour me remettre, j'étais passé en une seconde du gris au vert et je me suis juré de ne plus accepter de telles virées. Le temps était passé et la peur de cette première expérience était oubliée. L'affirmation à la suite de la première sortie, de ne pas réitérer un second vol, était loin, quelque peu oubliée. J'acceptais avec joie un survol de *Mururoa* et un aller-retour sur *Fangataufa. La* surprise fut sur le retour en vue de l'atoll, l'hélico prit de la hauteur. Je pensais, dans ma candeur, que cela me permettrait de bénéficier d'une vue plus générale et là, l'horreur, les talons me remontèrent dans l'estomac, je repris cette teinte gris-vert, le régime moteur avait baissé, nous tombâmes, de quelques dizaines de mètres, peut-être plus, je ne saurais le dire. Une remontée tout aussi rapide, pour enfin nous poser au sol. Un long moment me fut nécessaire à la descente de l'appareil. Pour terminer cette sortie et pour sceller une bonne camaraderie, quelques tournées de bière dans une bonne humeur et de grandes rigolades *(j'avais quelque peu repris mes esprits)* un jeu pour eux, un bizutage pour moi.

Lors du tir de Dioné, le premier des essais auquel je participais, nous étions au mouillage dans le lagon, une alouette en retour de mission dans le lagon pour la récupération d'enregistrements, elle avait d'énorme difficulté à apponter quand un jet malencontreux d'une lance incendie pénétra la turbine de celui-ci. Geste regrettable ou délibéré, nul ne le sait et ne pourrait le dire, l'alouette se posa sur l'eau et coula, le personnel s'en sortit idem, juste mouillé. Elle fut la première que je vis disparaître, mais ne fut pas la seule au fil du temps de ma présence.

Durant ce temps, le ballon était amené au point Zéro. Des spécialistes du CEA préparaient la nacelle qui contenait la bombe nucléaire. Le ballon et la nacelle montaient lentement dans le ciel.

Nous, on sortait le soir ou le lendemain matin, et puis il nous était nécessaire de 24 heures pour nous préparer. Mes souvenirs à ce sujet sont assez flous, peut-être aussi une programmation suivant l'heure de tir prévu. En passant les passes, nous pouvions apercevoir une myriade de poissons en tous genres, ils s'échappaient du lagon, comme si le ramdam, de la mise en route de toute cette flottille, les renseignait surs, les dangers qui allaient survenir, les détruire. On s'éloignait face au vent à quelques milles, parfois quelques dizaines de milles, suivant la puissance de l'explosion. On tournait en rond dans l'attente du tir. À l'heure dite et suivant la puissance de la bombe, de quelques kilotonnes, ou quelques centaines, nous étions sur le pont, assis dos tourné à *Mururoa* la tête entre les genoux, les yeux fermés. Pour les essais plus puissants, nous étions confinés à l'intérieur de la *Maurienne, je* devais contrôler la rentrée de tout le personnel et de la fermeture des hublots, mais aussi prendre la même position qu'à l'extérieur. Il me reste même le souvenir que lors du tir de Rhéa particulièrement (une mégatonne), malgré toutes ces précautions, le flash lumineux me fut visible, ce ne fut sûrement pas le seul, mais celui-ci me parut plus lumineux, avec plus de clarté, s'imprégnant au plus profond de mon être. En ces jours encore, même s'il m'est difficile d'exprimer ce sentiment, par la pensée, les yeux fermés je ressens que cette lueur me traversait. Puis dans un instant toujours différent, il venait le BANG, puissant, violent, avec une onde de choc qui me percutait et pourtant il n'y avait rien. Qu'un son qui passait par là, il nous infiltrait dans un semblant de frissonnement, puis continuait son chemin mine de rien. Nous ! nous pouvions ouvrir les yeux, nous retourner ou nous diriger sur le pont, mais pour nous l'éclatement, la boule de feu, le déchaînement de la fusion, ces teintes et sa fureur, pour nous, la vision ne pouvait être que par photos, son existence était si courte, trompeuse et dangereuse. Il ne nous apparaissait que par la formation du champignon. Il s'élançait à la conquête de l'espace dans son évolution grandiose pour certains tirs et beaucoup moins impressionnant pour d'autres. Déjà, le temps du retour s'annonçait pour tous les navires, il était temps de rejoindre *Mururoa*, son lagon, son mouillage dans les quelques heures qui suivaient et dans l'attente d'un accord qui parvenait de la Rance pour l'embossage à Kathie, qui survenait bien trop souvent le soir même. À l'entrée des passes, nous croisions des tapis de poissons morts flottant à la surface. Et quand le bateau culait pour se mettre à quai, les remous des hélices faisaient remonter à la surface, des énormes raies Mantas, mortes. Peut-être une des raisons de ces nuées de mouches, qui nous importunaient durant la saison des tirs ? Mais quelle coïncidence tout de même, les tirs n'étaient-ils pas sans danger ?

À peine, la *Maurienne* acculée, la coupée posée sur le ponton, l'équipe de décontamination, nous quittions le bord et nous nous mettions en branle. Short, chemisette et claquette, notre tenue de travail de décontamineur, armés de lance incendie, nous arrosions copieusement pontons, quais, et camarades en une joyeuse insouciance. Les pompes de la *Maurienne* pompaient l'eau du lagon, nous arrosions le sol, l'eau ruisselait et elle retournait au lagon. La *Maurienne* pompait l'eau pour l'alimentation des chaudières et bouilleurs pour la production d'eau douce de même que pour les lances incendies. Allez donc comprendre! La contamination, ça ne sent rien, ça ne se voit pas, mais peut être que cela se noie...? Allez donc savoir!!!

Quelquefois, nous avions le droit de porter des dosimètres, mais aucun résultat ne nous était transmis. À d'autres moments des personnes en combinaison blanche et masque à gaz. Elles étaient armées de *poêles à frire* qui se mettaient à biper à tout-va. Elles nous demandaient alors des arrosages plus précis avec l'eau que nous pompions dans le lagon, mais rien n'était irradié ni même contaminé. Que dire? Et puis, tous les matins, nous prenions notre comprimé d'iode stable qui nous protégeait de tous les risques!

Les dangers n'étaient pas que là, tapis dans l'inconnue, invisibles, ils étaient aussi présents dans ces accidents. Ils parsemaient cette vie îlienne, cette inconscience, cette folie faisait partie intégrante de notre existence. Qui se souvient, de cet équipage et ces passagers jamais retrouvés de ce DC6 perdu en mer entre *Papeete* et *Mururoa,* de ces pilotes d'hélicoptères bien trop tôt partis? Que dire de ces avions, que nous apercevions atterrir avec 1 ou 2 moteurs à l'arrêt? Qui se souvient de ces légionnaires, lors de l'élargissement des passes en profondeur, qui ne revinrent jamais. Due à l'explosion prématurée des mines lors de la pose de celles-ci? Qui se souvient de ces paris insensés dus à l'inconscience, à la folie, qui se terminait trop souvent dans des finalités invalidantes parfois même terminales. Tel ce légionnaire qui, sur un pari pour une caisse de bière, travailla 72 h sur son bulldozer, il descendit de celui-ci ; il but sa bière, mais ne se releva jamais. Mais combien bien d'autres souvenirs de ce type nous restent-ils en mémoires, aux uns et aux autres ? Qui se rappellent…? Tant de moments, que cette mémoire se mit en ses parties, en ses tiroirs, à tout jamais fermés. L'on parle du nombre de morts lors des conflits dont a participé la France, les statistiques sont diffusées, les informations en parlent. Mais! en ce qui concerne les essais nucléaires, que nenni!… Mais cela n'était pas une guerre et peut être que, tout comme la contamination, elle n'est que l'illusion de ces milliers de personnes.

Qui se souvient de *l'île enchanteresse*. Cette chanson de 1975, peu connue, il est vrai, probablement écrite à la suite du retour de Jacques Dutronc lors de sa tournée à Tahiti. Les paroles étaient de Serge Gainsbourg et la musique de Jacques Dutronc. Elle fut créée suite à une rencontre entre les deux artistes. La musique avait une consonance polynésienne, et les paroles offraient une description des inconvénients de la vie quotidienne sur *Muru* et pour finir une dénonciation des essais nucléaires français.

Elle était une critique tout en finesse et abordait un sujet de controverse. Il s'agissait d'une désapprobation de la politique nucléaire française et des essais effectués à *Mururoa*. Les autorités françaises de l'époque ne pouvaient que peu apprécier de tels discours, qui se terminaient ainsi.

« Disparue l'île enchanteresse,

a pu

Je viens d'lui balancer dessus

Par simple mesure d'hygiène
Vu ses germes pathogènes
Une petite bombe à hydrogène

Adieu petite aborigène ».

La terre paradis

Recueil des rêves ésotériques

Il est là, immobile, songeur.

Sous ses pieds, il ressent cette douceur.

Du sable noir des plages tahitiennes.

Face à lui, le lagon est d'un bleu turquoise.

Au loin, les rouleaux sur la barrière.

À son côté, une Tahitienne ou une Tinto.

Il ne le sait pas encore indécis.

Les cocotiers bruissent sous les alizés.

Embaumés par le tiaré Tahiti.

Ces senteurs envoûtantes le transportent.

Une musique d'ukulélés le charme.

Il est heureux, il voyage, il rêve, il s'enfuit.

Il se réveille… face à cette affiche.

Sixième chapitre voyage

Heureusement, mon temps dans le Pacifique ne se cantonna pas exclusivement à *Mururoa* quoiqu'elle fût la plus longue. Ils arrivaient que nous quittions l'atoll lors des intersaisons de tir. Mais ma mémoire se mélange quelque peu dans les dates, mais surtout dans les déplacements et les visites des îles polynésiennes entre mes deux campagnes, la *Maurienne* et le *Commandant Bourdais*. Dans ce chapitre, je me bornerais donc à énumérer ces escales plus ou moins longues, ou importantes. Certaines d'entre elles furent visitées lors de mes 2 embarquements. Certaines que je ne citerais pas, dues à un passage trop court, simplement pour apporter des vivres, de l'eau, des soins et autres matériels que nous, hommes d'équipage, nous n'avions que peu de raison de ces passages. Des escales qui nous permettaient de troquer quelques souvenirs. Lors de ma première campagne, plus spécialement, où le désir monétaire n'avait pas encore envahi ces contrées reculées, leurs besoins restaient simples. Le plus demandé par les femmes était les savons moussant dans l'eau de mer quant aux hommes, leurs demandes étaient l'eau de Cologne naturelle 3F de chez "Roger & Gallet". Je garde en mémoire les senteurs de ce parfum. Il fut pour moi un enchantement de douceur, de rêve et de bonheur, que ma mémoire le raccrocha à la découverte de ces paysages et du rêve de ces îles lointaines. N'allez pas croire ? Qu'ils se parfumaient amplement, ou l'offraient aux femmes qui les sélectionnaient, non ! Il devenait un nectar à boire. Le plus dur était la fin de ces échanges, où nous devions partager une coupelle de ce nectar. Il faut signaler aussi qu'à cette époque très peu d'îles ne possédaient d'aéroport, ni même d'aérodrome. De même qu'un navire tel que le nôtre ne pouvait pas accoster, les ports étant inexistants, le mouillage se faisait dans le lagon. Parfois, même celui-ci nous était inaccessible, nous mouillions en pleine mer. La descente à terre s'effectuait par barcasse, parfois même à la nage, pour les aventuriers sachant nager.

Je commencerais donc par l'île la plus accostée

et la plus visitée. Elle qui restait le point de chute de toutes nos sorties, qui nous ravitaillait, nous réparait et nous offrait du repos, mais surtout celle qui nous embarquait dans un monde civilisé. Peut-être pas ? La plus belle ni la plus sauvage. Mais elle, si particulière en ce mélange de culture polynésienne et chinoise. La plus connue, elle, qui me semble-t-il, avait contribué à mon engagement de marin, elle qui était le rêve de mes explorations.

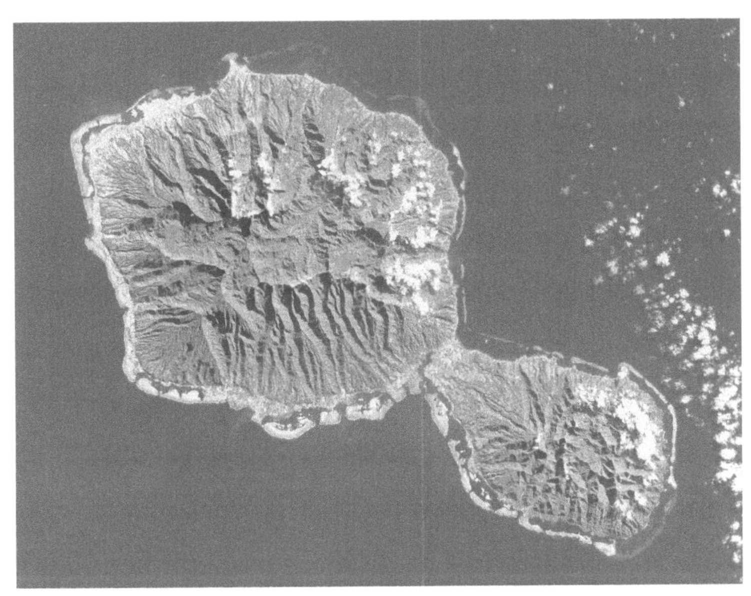

Tahiti.

Que de fois, notre arrivée fut accueillie par des danses, des musiques et des chants tahitiens, que ce soit sur la plage arrière du *Bourdais* ou le pont hélico de la *Maurienne* ! Combien de fois je fus entraîné dans des *tamurés* endiablés, où ma prestation n'était qu'une piteuse gesticulation !

Papeete, le port, notre accostage, plus particulièrement un lieu de repos, de carénage, un lieu où nous revenions à tant de reprises. Un port comme tous les ports que j'ai fréquentés à travers le monde. Un port, où la fête et la musique étaient toujours présentes où les Tahitiennes étaient toujours en tous ces bars, à notre service. Pas de la prostitution, mais une manière d'arrondir les fins de mois. Mais ces filles, elles nous restaient absentes, durant la venue des navires américains ! la manne du dollar était plus intéressante ! La noirceur relative de cette ville avait été apportée principalement par le CEP, selon nos règles dans le modernisme, nos vices et nos croyances religieuses. Papeete dont le nom veut dire *"la corbeille d'eau"* en polynésien était une zone peu habitée par les Polynésiens, son nom suffit à l'expliquer, donc insalubres. La rade naturelle permettait aux navires de l'époque d'accoster facilement, le CEP en avait fait une zone habitable, c'est le seul endroit où ça pue, sinon partout ailleurs, dès le matin on a droit aux senteurs des fleurs.

En ce temps, le CEP avait apporté le progrès, si l'on veut l'appeler comme cela. Par nécessité, il avait construit et bétonné à tour de bras, l'agrandissement de l'aéroport, du port et de sa partie militaire, des routes, des camps de cantonnements, des logements, des zones industrielles, des bâtiments administratifs, l'hôpital et bien d'autres encore. Ces bouleversements avaient conduit à une modification de la vie et des mœurs des autochtones. Nous *les Farãni* (Français non Polynésien), en fait, surtout nous, qui n'étions pas des touristes ordinaires ; nous les militaires, marins, légionnaires et aviateurs. Toute cette gent masculine trop souvent célibataire, nous qui avions de bonnes payes, bien supérieures aux salaires locaux, donc les faveurs féminines... Il faut le comprendre dans la société polynésienne où la femme était libre de son corps, elles étaient légères et infidèles, souvent très belles, elles étaient simples et sans tabous. Peut-être aussi ce côté matriarcal et îlien de la femme pour la procréation d'enfant fort. Mais que cette masse masculine de passage apportait, peu à peu, une forme de prostitution. Tout cela apportait un certain racisme envers une partie des *Tahitiens de Papeete* et surtout un certain conflit le soir dans les bars.

Je me souviens de ces 2 bagarres mémorables, dont j'étais présent et qui n'ont pas été les seuls, je pense. Je ne me souviens pas de quel embarquement je faisais partie, mais les présents en ces jours s'en souviendront, la première bagarre est partie d'un conflit dans un bar, pour une fille ou pour une raison que peut-être personne n'a compris. Elle avait vite dégénéré en se propageant dans la rue, puis les quais et sur le pourtour du port. Ce soir-là, nous étions 2 ou 3 copains, pas très loin de la piscine, notre retour cette fois-ci se fit à la nage au travers du port et au grand étonnement du plancton de coupée. Ce deuxième conflit, je devais être sur le Commandant Bourdais, car nos amis légionnaires eux aussi étaient en repos au camp *d'Arué*. Ce soir-là, notre premier maître machine nous fut rapporté dans un piteux état. Il avait été violemment agressé et pourtant il était d'un tempérament calme et inoffensif. La colère grondait depuis quelques jours déjà, suite à de multiples petites escarmouches. D'un commun accord entre marins et légionnaires, une sortie punitive fut programmée. Le soir, un camion-grue de la légion vint stationner le long du bar incriminé. Je n'ai plus le souvenir duquel, enfin le Pitaté, je pense, mais avec aucune certitude, car le Queen, lui aussi, avait eu des soucis avec les légionnaires. Il avait la forme d'une véranda au toit de palme de cocotiers, ou la terrasse peut-être. Il était situé sur le port dans un angle de rue pas très loin de la piscine (une fois encore). Une foule de militaires était présente ce jour-là dans l'attente du spectacle, prévenue peut-être par radio *Muru*...! Allez savoir. Le bar s'était vidé par miracle. Les récalcitrants se virent notifier d'un incident possible. Le bras de grue à l'horizontale faucha la façade détruisant tout sur son passage. Une malheureuse manipulation, un défaut de matériels imprévisibles...? La police militaire aussi avait été prévenue, mais elle n'avait d'ordre que du contrôle de rentrée des permissionnaires. Cette fois encore, le retour se fit à la nage. Le garde de coupée oublia de noter le fait sur le carnet de rentrée.

Mais Papeete était notre lieu de vie, de détente, de sortie. Il est vrai, qu'en ce temps-là, les salles de cinéma ou de spectacles, les dancings, ou autres lieux qui auraient pu nous attirer, nous charmer, n'existaient pas. Toutes les manifestations se déroulaient à l'extérieur dans les jeux, la danse et la musique. L'accueil, la joie et l'insouciance du tahitien nous transportaient. Nos sorties du soir, le temps nous manquait, nous fréquentions les bars. Plus rares étaient nos permissions de découcher, nous profitions parfois de ces moments pour faire découvrir aux bleus, les nouveaux embarqués, les joies nocturnes de Papeete. Nous avions nos bars attitrés, le *Piano Bar*, Le *Puoro*, *le Lafayette* pour les fins de soirées. Mais celui que nous faisions connaître aux nouveaux arrivants, pour ces découvertes, était le *GoGo Bar* où il y avait *Momo*. Il était connu d'une multitude de marins, qui après 1 ou 2 *Maita'i*, boisson bien connue pour son fort degré d'alcool et pas plus si nous voulions que ces nouveaux arrivants poursuivent leurs soirées. À ces thermes, ils étaient accostés par de superbes Tahitiennes des *RaeRae*, entraînés dans des danses langoureuses. Certains s'apercevaient plus ou moins rapidement d'une différence inconnue chez les femmes. Ils revenaient à leur place, rouge de honte, sous les rires de la tablée et de leurs sobriquets. Pour les autres, cela menait bien souvent à une chambre d'hôtel à côté, où nous attendions derrière la porte, la sortie rapide du malheureux, piégé. *(pour info, un raeRae est un homme se comportant et se considérant comme une femme, un "Mahu" est un homme aux manières efféminées qui s'habille en homme, peut se marier et avoir des enfants.)* Tout cela se terminait par quelques tournées au bar le plus proche, dans la joie d'une bonne camaraderie.

Il faut comprendre que la culture et les mœurs en Polynésie étaient différentes de la nôtre. L'importante communauté chinoise avait accaparé le marché et les ressources du commerce local. Mais surtout, elle offrait les *tintos*, ces filles métissent "Tahitiennes chinoises", magnifiques et sublimes très souvent reines des photographies représentatives de la Polynésie. Mais aussi en ces lieux, il faut l'admettre ; ces nombreuses religions, où chacune avait apporté ses tabous et ses interdits, qui bien souvent se portaient en désaccord avec cette culture îlienne et avaient transformé les habitudes journalières. À l'origine, le polynésien était d'un tempérament oisif, joyeux et heureux dans une vie communautaire. La nature et le lagon leur apportaient à profusion le nécessaire. Sur terre, en Polynésie, aucun animal n'est dangereux, pas de serpent ni de singes, lions et autres animaux communs d'Afrique. Si ce n'est, que le cent pieds, un mille-pattes *(la scolopendre pouvant atteindre 20 à 30 cm à la morsure douloureuse, mais non mortelle).* Par contre, les *"margouillats ou geckos"*, petit lézard se nourrissant d'insectes, étaient partout, on peut effectivement en trouver un ou deux et bien même plus sur les murs ou au plafond. Ils arrivaient à nous tomber dessus même la nuit... ils sont totalement inoffensifs! Les poules de même se promènent librement un peu partout en se régalant de ces milliers de cafards et autres bestioles du même genre, qui envahissent tous les espaces.

Tahiti était aussi une île de rêve, à la végétation luxuriante, elle offrait des ballades incroyables dans la montagne. Qui ne se souvient pas de ces tours de l'île avec les trucks,

Les seuls transports publics collectifs à cette époque. Camions dotés d'une caisse en bois fabriquée localement. L'espace passager était les places assises sur des banquettes de part et d'autre de la longueur du train arrière, plus ou moins rembourrées, parfois même en bois brut. L'on descendait par l'arrière du véhicule où se trouvait une grande ouverture prévue à cet effet, elle était dotée ou non d'une chaîne de protection. Il ne fallait pas être pressé ni même stressé, mais prendre la vie comme elle venait. Si le chauffeur avait besoin de s'arrêter faire une ou deux courses, il était logique de patienter. Il n'y avait pas d'horaires ni d'arrêts prédéterminés, il suffisait de s'asseoir au bord de la route et d'attendre, le chauffeur s'arrêtait sur un signe d'appel ou à la demande de descente d'un passager. Combien de fois lors d'arrêt ou de la prise de passagers, tout le monde descendait dans une bonne humeur et chacun dans ses moyens prêtait main-forte pour le chargement ou déchargement de la galerie ? Tout un imbroglio de fournitures, de marchandises, fruits et légumes, parfois même des meubles, ou tous autres objets encore plus étranges dans un amoncellement insoupçonnable, un sacré fourre-tout qui trouvait sa place sur les toits de ces trucks. À l'arrière, il y avait généralement un seau attaché avec des cordelettes pour l'acheminement du poisson acheté par les passagers. Ce type de transport favorisait la convivialité qui faisait défaut en métropole. C'est dans le caractère des Polynésiens d'arriver facilement à lier conversation, de vivre ensemble, de rire de tout et de rien. Ces voyages favorisaient les liens, on se sentait proche des autres. On parlait de tout, on refaisait le monde dans la durée d'un trajet, tout y passait, la pluie, le beau temps, les enfants, les vahinés, la pêche... La musique locale était toujours présente, toujours très joyeuse, très fleur bleue, elle rythmait les trajets. Parfois même, une *"bringue"* s'y improvisait aux sons des ukulélés...

Une autre manière de se déplacer était la location de mini moto de 50 cm^3.

À cette époque, une seule route en grande partie de terre battue, si mes souvenirs sont exacts, une circulation quasi nulle, elle faisait le tour de *Tahiti Nui*, la grande île. Deux routes pénétraient de part et d'autre de *Tahiti Iti* la petite île. Elle était rattachée par un petit bras de terre et ces routes n'étaient en partie que praticables en moto. Ces deux îles n'en formaient qu'une seule. Elles étaient formées par deux anciens volcans culminant à 2

241 mètres et vieux de 3 milliards d'années pour la grande, tandis que la presqu'île datait de 500 000 ans et s'élevait à 1 332 mètres. Ces ballades me permettaient de sortir de cette société importée, qu'était Papeete. Elles me permettaient des ballades inoubliables au sein de cette nature riche en odeurs, couleurs et formes. Elles m'offraient cette cueillette d'une multitude de plantes qu'elle donnait en une abondance de parfums et de saveurs que je découvrais. En France, ces fruits nous étaient si peu connus, si peu vendus.

Que dire aussi de ces lieux, qui permettaient de s'évader ? En tout premier lieu, en partant de Papeete, le belvédère de *Piraé* tout au début de la côte Est, une grande terrasse naturelle, elle offrait une superbe vue panoramique. On pouvait y voir l'océan, la ville de *Papeete* et l'île voisine de *Moorea* à l'horizon. C'est un endroit idéal pour assister au coucher du soleil très souvent superbe.

La chute de "*Vaimahutu*", l'une, des trois cascades de *Faarumai* dans la partie nord-est de Tahiti Nui, qui était l'une des plus faciles à visiter en Polynésie française. Elle se trouvait juste à côté de 3 autres cascades, sur un site étonnant. Le *Trou du Souffleur,* il s'agit d'un trou naturel creusé dans la roche et qui émet un soufflement puissant provoqué par les vagues. Plus les vagues étaient fortes, plus le souffle était impressionnant, en ce temps-là, la route passait au-dessus de ce site, il ne fallait pas avoir peur des embruns projetés.

Les grottes de *Maraa,* toujours sur cette même côte, elles étaient situées en bordure de la route. Il ne fallait pas les rater, elles étaient recouvertes par des fougères et elles étaient entourées de petit bassin. Elles offraient le calme et le repos.

Le Marae Arahurahu est l'un des plus grands temples de la Polynésie ! Vieux de plusieurs siècles, il offre un bel aperçu des cultures et des religions ancestrales avant l'arrivée des Européens. Il possède une atmosphère paisible et propose de jolies balades qui s'enfoncent dans la forêt. Mais aussi sur la presqu'île une multitude de grottes, le *passage du diable* qu'il fallait parcourir au pas de course entre deux vagues et bien d'autres encore.

Mais ce qui m'offrait le plus de rendez-vous, dans la journée, bien évidemment et dans mes moments de repos, cela se conçoit, c'était la piscine olympique de Papeete, un bassin de 100 mètres d'eau douce, plus fraîche arrivant directement des montagnes et elle était en bordure du lagon.

Les ballades autour de l'île, c'était aussi, et surtout, ces rencontres avec ces autochtones, ces hommes et ces femmes, qui n'étaient pas encore avilies par cette modernité galopante. D'un tempérament nonchalant, ils s'amusaient de tout et de rien, profitaient des bienfaits de la nature et de la pêche. Ils vivaient sans tabous dans leur culture ancestrale. Ils étaient accueillants, joyeux et joueurs.

Nous avions aussi notre centre de repos, Mataïa, dont j'ai pu en profiter à 2 reprises 3 ou 4 jours, lors de carénage, aussi bien avec la *Maurienne* que le Bourdais. Je me souviens de cette première fois, j'étais avec mon ami Jean-Marie, nous avions décidé de la visite du Lac *Vaihiria,* dans les montagnes au-dessus de notre villégiature. Ce lac le plus grand de *Tahiti* créé par un important effondrement des falaises qui formaient ces berges. Il était aussi sujet à de nombreuses légendes, contes et chansons polynésiennes, qui attisaient notre curiosité. À une distance d'une dizaine de kilomètres, mais d'un accès difficile, nous avions prévu 2 journées, dont un bivouac, la nuit au bord du lac. Lors de notre montée et en de multiples arrêts, on remarquait un nombre impressionnant d'anguilles. Un passage par le lac bleu, l'arrivée à destination nous offrait un paysage de toute beauté, cette eau pure, ces cascades, cette végétation luxuriante, un vrai petit paradis, un dépaysement, un oubli de la nudité de *Mururoa*. Nous avons profité sur notre retour d'une pêche à la main de quelques dizaines d'anguilles, technique apprise dans ma jeunesse. Au retour au camp de *Mataïa*, le cuistot nous informa que cela n'était pas des anguilles, mais des murènes qui comme les anguilles remontaient les cours d'eau. Je n'ai jamais su s'il disait vrai et dans le doute, je les ai cuisinés d'une façon pochouse, mais revue à la manière tahitienne ; le vin blanc était remplacé par la Manuia, de la noix de coco et autres ingrédients locaux pour compléter le tout et qui fit l'unanimité de mes camarades au repas du lendemain.

Bora-Bora,

Elle fait partie des îles sous le vent, dans l'archipel des îles de la Société. Elle est située à 255 km à l'ouest-nord-ouest de Tahiti. On appelle aussi l'île *Mai te pora (créée par les dieux).* En notre temps, on la nommait *la perle du Pacifique,* la magnificence de son lagon, de ses Motus, en fait un paysage de rêve. Malgré un passé guerrier, de nombreux vestiges de la présence américaine durant la guerre 39-45, dont une piste d'atterrissage sur un *Motu,* la première en *Polynésie.* Elle reste un lieu de villégiature incomparable. Plusieurs passages m'ont permis d'apprécier cette île. Il est à voir une grande pierre taillée en forme de tortue nommer *Ōfa'i Honu,* selon les traditions orales, la création de *Bora-Bora,*

alors nommée *Vavau*, est liée à cette pierre Tortue. Elle serait l'ancêtre mythique de l'île et de ses chefs.

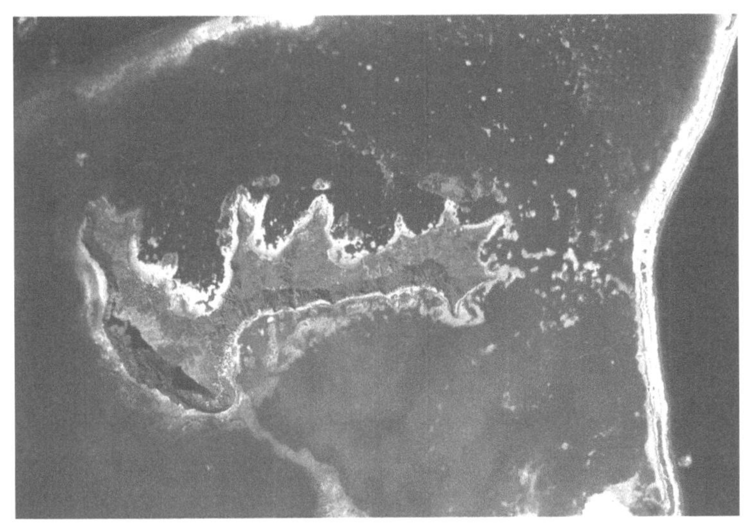

Maugaréva,

dans l'archipel des îles Gambier, qui sont à plus de 1 600 kilomètres de Tahiti. Ces îles offrent des trésors culturels et naturels qu'il est bon à découvrir. La population locale, berceau du catholicisme polynésien, est chaleureuse et sympathique. Ce tout offre une alchimie indescriptible dans un échange de bien-être et de dépaysement, me semble-t-il, unique au monde. Comment décrire ces lieux, nous mouillons face à *Rikitéa*. Le lagon est probablement l'un des plus beaux de la Polynésie, d'une teinte turquoise, transparente, parsemée de têtes de corail. Il se décline en une infinité de nuances bleues, qui contraste avec le verdoyant végétal des montagnes. Parlons aussi de cette richesse culturelle de cette île. Bien qu'elle possède des vestiges *Maraé* et autres artefacts polynésiens, ne dit-on pas ?... Enfin, suivant la mythologie polynésienne, que le demi-dieu *Maui* a soulevé les montagnes du fond de l'océan ! Le plus surprenant et ce patrimoine religieux apporté par les catholiques. Il est dit que la religion peut déplacer des montagnes, là, elle a déplacé des tonnes de corail pour la réalisation de monuments et bâtiments religieux. À voir l'église Saint-Michel à *Rikitéa* et son autel incrusté d'une coquille de nacre irisée. Ne pas oublier aussi que les Gambiers sont réputés aussi pour leurs perles, surtout les noires. Entre les transferts du Commandant Bourdais et de l'île, j'ai eu l'occasion d'admirer de magnifiques raies Mantas d'un noir profond, contrastant sur le blanc du fond du lagon. D'une envergure de plus de 5 mètres d'envergure, telles les ailes d'un avion de chasse. De les voir évoluer là, il me faisait partiellement oublier la vision de ces Mantas mortes à *Muru*. Elles me faisaient comprendre aussi cette destruction, cette mort, que *Muru* subissait, cet atoll, qui naguère devait avoir cette splendeur, cette vie marine riche.

<h1 style="text-align:center">Moorea,</h1>

Elle fait partie des îles du Vent dans *l'archipel de la Société* situé à 17 kilomètres face à *Tahiti*, jadis appelée *Aimeho-nui-i-te-rara-varu,* (actuellement *Mo'o,* traduction, lézard et *ré'a* jaune). Que dire de cette île, que je n'ai jamais abordée en bateau ? La seule occasion fut lors d'un mariage, une sœur ou une cousine de *Titoï,* ce souvenir reste vague. Lui, moi ainsi qu'un autre de nos camarades, invités à cette union, nous avions obtenu une permission pour ce week-end. Nous avions loué un petit avion pour ce déplacement. Une fois de plus surprise! La hauteur acquise, les moteurs furent coupés, le reste du parcours et l'atterrissage se firent en vol plané. Pourquoi ! Je profitais encore de ces objets volants et il nous restait encore le retour. À notre arrivée, nous fûmes accueillis par la famille de Titoï, la fête battait déjà son plein. La musique aux sons d'instrument local ; *l'ukulélé* (petite guitare), le *Pu* (instrument à vent issu d'un murex percé à sa base), le *To'ere* (tambour de bois à fentes), le *Pahu* (tambours qui se jouent à la main ou avec des baguettes), mais aussi des chants et des danses tahitiennes, une montagne de nourritures crues ou cuites. Les A*hima'a* (four Tahitien, est un trou creusé dans le sol, tapissé de pierres de lave brûlantes et recouvert de sable ou cuisent, porc, chien et autre mets enroulaient dans des feuilles de bananiers). Le *fāfaru* (filet de bonite, de thon blanc, mariné dans de l'eau de mer, en plein soleil et avec des têtes de crevette). Le *i'a ota* (recette du poisson cru bien connue) et bien d'autres encore et en plus, en des quantités astronomiques. Et surtout les boissons (*manuïa*, punch, *maitaï......* , à consommer sans modération). Le samedi a eu lieu le mariage sur la plage. Le jeune couple, revêtu de leurs tenues de cérémonie, paré de bijoux, de coquillages et de guirlandes de fleurs, se présentait au prêtre. La cérémonie du souvenir de la lignée des 2 mariés et enfin la bénédiction. Ces festivités se poursuivaient autour d'un grand *tāmā'ara'a* (banquet), animée de chants et de danses. Le dimanche soir, alors que la fête battait encore son plein, nous dûmes prendre le chemin de retour. Notre état n'était pas frais par ces ripailles, les fêtes et le peu de sommeil, mais quels souvenirs ?

Nuku Hiva,

à 1 500 km de Tahiti, fait partie de l'archipel des Marquises. Ce qui surprend en arrivant par la mer, à cette époque il n'y avait pas d'aérodrome et puis j'étais marin, c'est cette beauté saisissante, ces falaises impressionnantes, ces pics de basalte, qui atteignent généralement les 100 mètres de hauteur, le tout couvert d'une végétation exubérante. Ce mélange apporte ce désir de tourisme, ce décor de carte postale. À cette époque, aucun quai ne permettait d'accoster, mais la population locale était accueillante et chaleureuse. Cela, me semble-t-il, fut le lieu ou le troc fut le plus agréable par la qualité de l'artisanat local et de sa diversité. Tant de belles choses sont à voir ; les cascades, les grottes sous-marines, le site de *Puake* pourvu de nombreux *Tiki* (ancêtre mi-humain, mi-dieu) de pierre, ils pouvaient atteindre jusqu'à 1,70 m de hauteur. Ne pas oublier ses ballades multiples, qu'un seul séjour ne pourrait suffire.

132

Huahine,

Huahiné, se traduit en polynésien par *"sexe de femme",* qui est due à sa forme particulière. Elle est constituée de 2 îles *Huahine Nui* et de *Huahine Iti,* au sein d'une même barrière de corail. Elle est distante de 167 km de Tahiti, elle fait partie des îles *Sous-le-Vent* de l'archipel de *la société.* Cette île avait un quai où nous pouvions accoster, ce qui nous facilitait nos descentes à terre. Elle offrait un cadre naturel authentique, un petit port tranquille, de superbes villages de pêcheurs et d'agriculteurs. Son remarquable lagon aux tons de dégradés turquoise, ses criques désertes, ses nombreux *motu* sauvages, ses parcs à poissons en pierres et ses pittoresques *faré* sur pilotis aux murs de bambous, fait de *Huahine,* un concentré des beautés polynésiennes. Un rêve, un consommé comme l'on aime découvrir en ces beautés polynésiennes. Elle offre les vestiges archéologiques les plus étendus de Polynésie et les *marae* les mieux conservés. Ils sont les témoins de l'histoire des migrations polynésiennes, qui ont su garder ce charme ancestral polynésien que *Tahiti* avait perdu.

Raiatea,

à 210 km de Tahiti, elle fait partie des îles Sous-le-Vent de l'archipel de la société en cette année 1974, où se déroulaient les jeux du pacifique sud ici même. Ce qui nous permit plusieurs escales en ce mois de juillet, mais aussi d'assister à ces jeux. Le 3 juillet, première escale pour y débarquer les athlètes participant aux championnats de Polynésie. Plusieurs se font aux files des jours. Le 12 juillet, nous sommes à quai pour la préparation de la fête du 14 Juillet, nous devons même participer au défilé. Une des rares fois où j'ai revêtu la tenue militaire dans son ensemble et correctement. Je ne reparlerais pas, de cette journée de fête, tout en musique, danse et joyeuseté ; mais de cette soirée, de cette réception organisée pour un lunch, où nous recevions tous les officiels de cette journée, gradés et politiciens, nous avons de même apprécié la venue de miss *Raiatea*. Ce n'était pas la première soirée de ce type que nous organisions, une habitude, conformément par ces diverses réceptions lors des escales en pays étrangers. Tout l'équipage du Bourdais participait à cet événement, pour ma part je faisais le service, portant et distribuant des plateaux de boisson. Il faut dire qu'en cette fin de soirée équipage et invités faisaient bon ménage. Le 16 juillet, retour sur Papeete pour rapatrier les participants aux championnats de Polynésie. Ce jour-là, la météo faisait quelques caprices. La traversée durant la journée, mise beaucoup de ces estomacs, peu habitués à ces traversées maritimes, à de dures épreuves. Pour moi, cela ne changeait guère, mon mal de mer était continuel. Le lendemain nouveau transit vers *Raiatea* et un passage dans la baie de Cook à *Moorea*. De ce passage sur cette île, je ne peux en parler, n'ayant pas eu le loisir de visiter ces paysages.

Rimatara,

à 650 km de Tahiti, elle fait partie de l'archipel des australes. Cette île, je n'y ai pas posé le pied dessus, mais ce souvenir me paraissait agréable à écrire. Au retour de *Rurutu*, ce 3 juin, passage à *Rimatara* pour embarquer la conseillère territoriale, maire de cette île, qui regagnait Papeete. La petitesse de cette île et le peu de place dans le lagon nous obligèrent à mouiller hors de celui-ci. Ce jour-là, la houle était légère et le mouillage était en travers de celle-ci. Le zodiac du bord ayant embarqué, madame la maire à la sortie des passes, que sa propre embarcation, pilotée par des Polynésiens, l'avait transporté, dû aux difficultés de son franchissement, se présenta à la coupée de pilote ! Un bout (se dit boute, le nom corde étant interdit dans le langage marin), d'amarrage fut lançait sur le Bourdais. Un matelot qui se trouvait là, sûrement pas bosco et surtout novice, le frappa raide sur le premier taquet venu. Au coup de roulis, suivant, ce qui devait arriver ; arriva. Madame la maire, déjà debout, prête à franchir la coupée, la valise et le bouquet de fleurs en main, le zodiac se retrouva sur un angle vertical prononcé. Telle une fleur blanche dans sa robe tahitienne et couronnée de tiarés, elle s'envola d'un côté, sa valise et sa couronne de l'autre, mais elle garda son bouquet de fleurs. Remontée à bord, en femme polynésienne avec ce caractère plein de bonhomie, elle prit cet incident à la légère, riant même, de cette déconvenue.

Rurutu,

À 570 km de Tahiti, elle fait partie de l'archipel des Australes, connue aussi sous le nom de l'île aux baleines. Cette île, je l'ai visitée à plusieurs reprises tant avec la *Maurienne* qu'avec le Bourdais. Ma première venue ne fut avec la *Maurienne* qu'entre les saisons de tir de 1971 et 1972, l'île n'ayant pas de port pouvant nous accueillir, ni même la possibilité de franchir les passes avec le bateau, le mouillage, il s'effectua dans l'océan auprès de celles-ci. Le transfert, à terre, qui s'effectuait par les barcasses du bord. Pour les plus impatients ou plutôt pour les plus téméraires ou les plus inconscients, enfin ceux qui savaient nager (la natation dans la marine n'était pas une obligation, malgré ce que l'on en pense ?), nous partions à la nage, en groupe accompagné d'une baleinière et quelques bouées de secours. Pour certains, cette traversée se terminait en cauchemar par manque de force ou de résistance, secourue par la barcasse ou un camarade voisin. À chacun de mes passages sur cette île, nous avons eu droit à un *Tāmā'ara'a (repas)* offert par la population et un affrontement au football où rarement l'équipe du bord ne s'en est sortie vainqueuse !

Je pense que c'est lors de l'un de ces transferts entre *Rurutu et Papeete,* mais je peux me tromper, la *Maurienne* prit de plein fouet la périphérie d'un cyclone. Ce jour-là fut pour moi la première fois où je rencontrais une véritable tempête. Malgré sa masse, le bâtiment ne semblait n'être qu'une coquille de noix. Les déplacements devenaient compliqués. D'un pas lourd, on s'écrasait au sol, on s'épuisait, puis tout à coup, on redevenait léger, on s'envolait, on perdait l'équilibre en nous retenant aux cloisons, où nous naviguions de l'une à l'autre en une démarche zigzagante. Le plus dangereux tout de même était le transfert d'un pont à l'autre, les escaliers ! D'un pas, nous pouvions franchir le niveau, ou bien rester collé au sol dans l'attente de l'instant propice.

Il y a aussi ce 2 juin 1974, ce dimanche de Pentecôte, où nous étions à nouveau en escale pour trois jours, j'ai pu assister, dans un temple, dont je ne pourrais certifier de sa confession, à un culte et ainsi profiter de l'ambiance, de la ferveur et de la joie de cette communauté. Un spectacle et une atmosphère euphorique, ces chants et ces danses, qui nous étaient offerts par cette foule, en ces tenues colorées et chapeaux de fêtes. Ce jour-là, à chacun de nous c'est vu offrir un chapeau traditionnel, local, confectionné par les îliennes dont c'était une de leurs spécialités. Il faut dire qu'à chacune de nos visites dans les îles de Polynésie, nous offrions des vivres divers à la population locale.

Ce fait n'est pas de mon voyage personnel, mais d'une rencontre sur une plage, ou dans un bar, peut-être les deux. Mon souvenir n'est pas certain. Sur cette île du Pacifique, un homme de courage et de ténacité, mais peut-être aussi d'inconscience, nous conta ses périples. Il était arrivé là en de multiples étapes et péripéties sur un bateau de quelques mètres seulement, un cockpit et une voile minuscules, 2 dames de nage pour la propulsion à la rame, aucun moyen de navigation moderne. Il était parti d'Europe pour rejoindre les îles Cook, pour une femme qu'il avait aimée, me semble-t-il. Il avait fait plusieurs tentatives, la première par le tour de l'Afrique, le canal de Suez en ce temps-là était fermé. Il aurait été fait prisonnier, nous dit-il, par des pirates dans le Détroit de *Malacca*. Libéré ! il ne nous l'a jamais dit par quelle manière. Mais il fut rapatrié à son point de départ par un cargo suédois. Nouveau départ, il avait visé le canal de Panama, mais s'était retrouvé sur les côtes brésiliennes. Un cargo l'avait pris en charge et déposé à *Valparaiso* au Chili. De là, il avait repris la mer et il s'était retrouvé à *Rurutu* arrivé déjà depuis quelque temps. Avait-il rejoint les îles Cook ? Ou, ce qu'il était devenu, je ne l'ai jamais sue.

Rêves, voyages et mensonges

Recueil des rêves ésotériques

Dans cette immensité mouvante, il s'évade.

Sur cette coque insignifiante, il parcourt.

De-ci, de-là, inopinément, il découvre.

Ces rêves se réalisent, il s'inspire.

Mais !

Dans les flots bleus du Pacifique, il enrage.

D'un détour non catalogué, il retrouve.

D'un Zébulon voyageur, il fulmine.

Rein ne peut l'arrêter, il meurt.

Septième chapitre le Bourdais

Suite à ma demande d'une prolongation de 6 mois *(eh oui ! on peut trouver son bonheur dans les pires cas)* de mon embarquement sur la *Maurienne,* cette prolongation me fut refusée pour 3 raisons ; l'alcoolisme, un taux de contamination et d'irradiation trop élevé et enfin un classement *"P4"*. Non pas ce paquet de 4 cigarettes de cette époque, mais le P pour psychiatrie ou le coefficient 4 qui indiquait la présence actuelle et prolongée de troubles de la personnalité et de l'adaptation définitivement incompatibles avec la poursuite du service. Je terminais donc ces 19 mois de campagne à Papeete, la *Maurienne* étant en carénage, je profitais de ma dernière semaine pour passer mon permis A et B. Inscrit le lundi et l'examen le mercredi pour un retour en France le jeudi. L'ensemble pour un coût de 350 francs CFP, soit 19,25 francs, donc environ 3 euros. Mon retour se fit par la *COTAM*, avion militaire avec un arrêt à Montréal. Je n'ai retenu que peu de souvenirs sur ce retour, si ce n'est le manque de confort et la fatigue du voyage. Cette déconnexion de la vie française, cet oubli que la température pouvait être inférieure à 25°, elle fit que mon arrivée à Orly fut un peu plus remarquée. Mon départ de Papeete avec environ 30°, l'oubli des températures hivernales basses en France, −2° ce jour-là, vêtu d'un short, d'une chemisette et de sandalettes pour tous vêtements, un sac de cabines remplit de colliers de coquillages cadeaux de départ. Tous mes vêtements étant dans la cantine qui devait être livrée chez mes parents, lieux de mes 45 jours de congés. Je regagnais Beaune sous le regard ahuri des passagers. Ces congés passèrent rapidement, j'avais acheté une "AMI-6", elle n'était pas de première jeunesse *(l'on voyait la route au travers du châssis). Le* garagiste avait dû sortir le véhicule de son garage, j'en étais incapable. Je passais beaucoup de temps sur les routes de campagne peaufinant ma conduite désastreuse, ou seule ma petite sœur osait s'aventurer avec moi (40 000 km en 45 jours, en ce temps l'essence n'était pas chère). Je montais même jusqu'à Brest rejoindre mon ami Jean-Marie pour une semaine de retrouvailles et même rejoint quelques jours, de même, par d'autres copains de la *Maurienne.*

Mais cette permission se termina rapidement, je devais rejoindre Toulon, le club nautique des officiers. Mon affectation, en attente du retour du *Commandant Bourdais* à *Lorient,* ma nouvelle affectation et ma nouvelle campagne. Que dire de ce laps de temps à Toulon, entouré des cracs de la voile et autres ? Je me sentais le petit canard boiteux, je ne connaissais rien à ce sport. Chaque jour, enfin bien plus souvent que, ce que j'aurais aimé, je partais avec l'un d'eux pour une virée à la voile. Bien souvent, j'en revenais malade, ce qui avait le don de les amuser, eux, ces cracks de la voile, jouant des vagues et des courses furieuses. Le soir, c'était une virée à *Chicag'*, j'étais passé quartier-maître-chef en quittant la *Maurienne* et donc mon salaire était plus conséquent que mon affectation précédente à Toulon.

Le 6 mars 1973, je quittais Toulon pour Lorient ou j'embarquais sur le Commandant Bourdais. Un navire gris, un navire militaire avec ces tourelles de 100 mm, ces tubes lance-torpilles, son mortier de 350 mm à l'avant, oui, je devenais militaire, je quittais les bateaux blancs.

Septième d'une série de neuf avisos escorteurs, il est mis sur cale à Lorient le 3 avril 1959 et à flot le 15 avril 1961. Il est admis au service actif le 10 mars 1963. il est vendu le 14 mars 1990 à la marine uruguayenne, et devient le "Rou Uruguay".

En ce mois de mars 1973, je suis à Lorient, la majorité de l'équipage avait débarqué pour le carénage et la transformation du bâtiment et la suppression de la tourelle arrière afin d'agrandir le pont d'hélitreuillage arrière. Le bâtiment n'est qu'une immense ruche en pleine effervescence. Techniciens et ouvriers de l'arsenal œuvraient pour sa transformation et son départ dans les océans chauds. Il me fut facile de m'acclimater à ce nouvel embarquement, l'équipage en sa grande partie tout comme moi avait été renouvelé. Je restais ces quelque 6 semaines à quai. Bien sûr, nous sortions souvent pour des essais et multiples réglages. Mais aussi une virée rapide jusqu'à *l'île de Saint-Pierre-et-Miquelon,* qui fit connaître les mers froides du nord, mais aussi ces vagues houleuses et turbulentes.

L'équipage, matelot et quartier-maître, était cantonné dans 2 postes. Le poste 4, sous la plage arrière qui était notre lieu de vie, pour nous le service machine, électricien et sécurité. Le poste avant ou poste 2, était la tanière des boscos, timoniers, cuisiniers, boulangers, commis, canonniers, et bien autres que j'oublie, mais nécessaires au bon fonctionnement du navire. Notre chambrée, nous y accédions du pont principal par une échelle. En bas à droite notre salle de repos, avec une quinzaine de places assises, lieu de détente, d'écriture et surtout de parties de taro endiablées. Elle donnait accès aux couchages qui comportaient 48 bannettes par pile de 3 laissant à chacun cet espace, ce volume que j'avais connu sur la *Maurienne,* où chacun se préservait un peu d'intimité par un rideau laissé par son prédécesseur, ou remplacé à leur goût, ce qui laissait des touches de couleurs assez bariolées. Enfin 48 caissons de 50 cm au cube et deux penderies collectives. Face à l'escalier, un petit local, pompeusement appelé office et qui comportait ; un évier, un frigo et un placard. Nos sanitaires (lavabos, douches et WC), eux, étaient sur le pont principal face à notre descente de poste. Ce local pour moi était mon poste d'entretien. Un entretien, qui souvent se terminait par la lance incendie. Enfin, nous avions une cafétéria commune aux 2 postes. Des tables de 4, un service dans des plateaux inox. Les quarts en inox, me semble-t-il, nous étaient alloués, nous en avions bien besoin dans nos moments de détente en nos chambrées. Une décoration simpliste, 3 hublots, quelques écussons aux murs. Mais en ce temps de carénage, je n'y passais que le temps nécessaire à mon service. Je préférais, les visites de Lorient, oh ! non pas ses environs ou lieux touristiques, mais les bars et les filles. Je me souviens de l'une d'entre elles, non pas de son nom, mais de son histoire, je l'avais rencontré dans un dancing du samedi soir, ou entre chaque danse nous buvions le *rouge citron*. Nous avons sympathisé, discuté et nous nous sommes revus dans la semaine qui suivait. Mais très rapidement un dimanche je me retrouvais invité dans sa famille ; parent, frère et sœur, cousin et cousine, tous étaient là pour me connaître.

Je remerciais ce jour du 24 avril 1973, nous quittions le quai, la France en direction l'océan Indien, mais aussi cette copine si envahissante.

En cette année 1973 et début 1974, dans l'attente d'un retour en Polynésie, ce dont je n'en avais aucune conscience en ce temps-là, je ne ferais qu'énumérer les escales et pays que je découvris, ainsi que quelques souvenirs par-ci, par-là. Cela m'a été possible grâce à ce *"journal de bord"* que j'ai tenu durant cette campagne, ces photos et diapos pas toujours bien conservées et ces souvenirs divers parfois légèrement flous ou divergents.

Ma première escale, *Madère,* que je découvre le 27 avril. Elle est parée de ces couleurs de printemps et offre cette image d'éternelles vacances, d'un autre temps. La vie s'y écoule paisiblement. Il y circule si peu de véhicules, les transports se font principalement à char à bœufs. Le soir, il nous est difficile de différencier le madère, qu'il soit blanc, rosé ou rouge, il est d'une rare qualité, rarement retrouvé, mais bu en quantité. Le 30 avril, départ de *Funchal*.

Dakar, en ce matin du 3 mai, après avoir contourné *l'île de Gorée* et que la grande mosquée s'estompait à l'horizon, il était pour moi, la dépose du premier pied sur le continent africain. En ces quelques jours, je découvre cette douceur typique du peuple sénégalais. L'arsenal de *Dakar* n'est qu'un port comme les autres si ce n'est les costumes aux couleurs chatoyantes de la population locale. Les marchands de tableaux, de bois sculptés qui nous attendent dès la sortie de l'arsenal. Mais le village artisanal nous offre des merveilles bien plus intéressantes. De nombreuses excursions sont organisées aux alentours, sans oublier un méchoui à "*N'Gor*". Le temps passe que déjà le 7 mai nous reprenons la mer, avec ces premiers souvenirs en tête.

Le 10 mai au matin, nous naviguons sur le *canal de Vridi*. Je suis impressionné par le spectacle de ces trains de bois, que tirent des mini-remorqueurs et vont les stocker dans la *lagune d'Ébrié* puis nous nous mettons à quai dans le port *d'Abidjan*. Port principal de la côte ouest de l'Afrique centrale, il est immense et en pleine effervescence. Ce qui nous attire, c'est *Treicheville,* cette fourmilière humaine, qui ne laisse pas indifférent. La journée, on se retrouve dans ce quartier aux rues au carré typique de la colonisation, dans un fouillis d'échoppes minuscules, qui vendent de tout et de rien ; de la nourriture, des tissus aux couleurs criardes, des souvenirs et le tout à des prix dérisoires. Mais le soir, nous nous dirigeons vers la *"rue 12",* lieu que les noctambules que nous sommes affectionne et qui reste animé jusqu'au petit matin. Le 14 mai, retour à la mer.

Le 16 mai, arrivées à *Libreville*, n'ayant pas de quai pour accoster, nous mouillons dans *l'estuaire du Gabon.* Je n'aurais que peu de choses à dire sur cette escale, si ce n'est, que nos descentes à terre et le retour à bord par la barcasse n'étaient pas pratiques. Mais surtout une visite en avion ayant survolé le Gabon avec escale à *Lambaréné, Moanda* et *Fort Gentil.*

Nous quittons le *Gabon* le 19 mai. Durant ce déplacement, le Commandant Bourdais passe la ligne de l'équateur. Ce moment n'est pas anodin pour un marin, la première fois où il la franchit, il doit être présenté à Neptune, mais lors de ce premier passage une grande partie de l'équipage était néophyte. La veille de ce franchissement, un commandement de présentation pour ce passage est donné aux malheureux. Je ne parlerais pas de cette soirée et du lendemain à la comparution à Neptune, je n'évoquerais pas ces instants quelque peu avilissants, humiliants et mortifiants, mais subits dans la bonne humeur et la joie. Gardant au fond de moi, étant possesseur du précieux diplôme, l'état de passeur et non celui de passant lors des prochains passages.

Le 25 mai, nous accostons à *Simon's Town,* port militaire de la marine sud-africaine. Il est situé à quelques kilomètres de *Cap town* en Afrique du Sud, dans le secteur du *Cap de Bonne Espérance.* Ce pays est un joyau de la nature, le parc national de la péninsule, qui est à lui seul, une merveille. La période touristique n'étant qu'à ses débuts, nous profitons du funiculaire libre pour monter au phare de la *Pointe du Cap*, la *Table Mountain*. Le sommet de cette montagne plate culmine à 1 086 m. Il est impressionnant tout de même de penser qu'elle ne se situe qu'à quelques centaines de mètres seulement de l'océan. La vue est époustouflante et impressionnante. Penser à tous ces marins qui y sont passés et qui passent encore ce cap, nous laisse rêveurs. Le vent, violent, nous empêche presque de tenir debout. Tout aux pieds de ces falaises, les vagues de cet océan agité nous fait ressentir la puissance de ces éléments... Qui n'a pas, un jour, rêvé d'aller en Afrique du Sud? Le *Cap de Bonne Espérance* en est l'exemple, cette route du littoral, protégée par ces montagnes, offre des vues inoubliables. Mais il ne faut pas oublier qu'à cette époque l'apartheid existait encore, les métis, les noirs et les blancs n'avaient pas les mêmes droits, les mêmes lieux, et même les possibilités de se déplacer.

Enfin un dernier souvenir qui me fit regretter la France. Nous étions 5 ou 6 du service machine en sortie, quand nous découvrons un restaurant proposant une cuisine française, à la carte, le *"steak frites à la french"*. La première déconvenue fut au moment de commander le vin, les restaurants n'en avaient pas. Les restaurants n'avaient pas de licence et ne pouvaient donc pas vendre d'alcool, nous aurions dû apporter notre propre bouteille de vin. Le patron devant notre incompréhension nous offrit deux bouteilles de sa cave personnelle. La deuxième déconvenue fut le repas bon, mais le steak était nappé de confiture de réglisse. La mayonnaise, elle était sucrée, de même que la salade qui ne connaissait pas le vinaigre que nous connaissons, le goût, oui, mais douceâtre et sucré.

Le 29 mai, nous reprenons la mer pour faire route vers le canal de Mozambique et rejoindre *Diégo-Suarez*, notre futur port d'affectation. En cours de route, le 2 juin, nous mouillons à *Juan de Nova* pour un arrêt éphémère et avec peu d'intérêt. Pour une raison inconnue, nous repartons sur les côtes africaines vers *Lourenço-Marques* capitale du *Mozambique* et renommée 4 ans plus tard en *"Maputo"*, où nous rejoignons l'escorteur rapide le Gascon, en transit vers la métropole. Cette escale nous offre un safari photo organisé par la coopérative du bord, ainsi qu'un match de foot opposant une équipe militaire locale contre une formation des deux navires. Pour ma part, je n'étais que supporter.

Le 13 juin, je découvre la magnifique baie de *Diégo-Suarez,* composée de quatre anses de plus petite taille. *La* baie du Tonnerre, la baie *Andovobatofotsi* (ou baie des Cailloux blancs), le *cul-de-sac Gallois* et enfin la baie *Andovobazaha* (ou baie des Français), à l'ouest de laquelle se situe la ville promontoire de *Diégo-Suarez,* désormais nommée *Antsiranana.* Le Pain de Sucre *(Nosy lonjo en malgache),* un îlot rocheux d'origine volcanique, qui nous était interdit d'accès, il domine la baie *Andovobazaha.* Considérées comme un lieu sacré, des cérémonies nommées *fijoroana* y étaient pratiquées régulièrement. L'entrée de la baie est étroite, elle est d'une largeur d'un kilomètre seulement. Elle se situe entre *Nosy Volana* au nord et le Cap *Andranomody* au sud. Ces passes ont une profondeur d'une cinquantaine de mètres, situés à l'extrême nord de *Madagascar*. Les plages *d'Orange* et de *Ramena* semblent nous inviter, et nous rappeler qu'elles n'ont rien à envier à celles de Polynésie. Au fond, le *Cap-Diego* est toujours aussi fier, les épaves de cargos coulés pendant la guerre sont toujours là, la petite ville de *Diégo* semble toujours aussi sereine.

À entendre les anciens, rien n'a changé malgré les différends politiques du moment, la fin de la colonisation de la France. La gentillesse et l'hospitalité des Malgaches nous permettent une adaptation facile aux coutumes et à la population locale.

Cette première escale à *Diégo-Suarez*, fut aussi, pour nous, l'occasion d'embarquer des boys, des *Comoriens* (termes sans connotation raciste et qui leur permettaient de recevoir un salaire conséquent par apport à la vie locale). Au poste 4, nous en avions 2. Ils s'occupaient de l'entretien de notre poste, de nos lessivages, repassages vestimentaires et autres. Chacun de nous donnait une quote-part de son salaire pour leur rémunération.

À 20 kilomètres de *Diégo*, la *plage de Ramena,* un décor de carte postale, rien n'y manque : des cocotiers, des pirogues, une eau turquoise et surtout du sable blanc. Elle était notre plage de détente préférée. Nous avions 2 possibilités de nous y rendre la barcasse du bord ou notre taxi préféré, une Peugeot 203. Mais il était nécessaire tout de même que nous fussions confiants, possibles même dans une forme d'inconscience. Une quinzaine de passagers étaient embarqués (le coût étant par personne, notre record fut de 21 passagers), un moteur coupé dans les descentes pour une économie de carburant, mais que de rigolades !

Il y avait aussi ces nuits passées à la belle étoile ou nous pratiquions la chasse aux planctons, après avoir copieusement abusé du rhum d'un producteur local que nous achetions à cet hôtel, mais où l'on n'a jamais osé dormir.

Il y avait aussi ce restaurant, que nous fréquentions fréquemment. Il était tenu par un Marseillais qui était arrivé là, de quelle manière, on ne l'a jamais su, mais son menu de l'apéro au dessert, boisson comprise, avait pour base le pastis.

Le 20 juin, nous reprenons la mer pour l'archipel des Comores, un premier arrêt sur l'île de Mayotte, l'île Petite Terre plus exactement, ville et presqu'île de *Dzaoudzi*. Puis nous faisons route sur *Anjouan* puis *Mohéli*, la plus petite des îles des Comores, pour finir, nous nous dirigeons vers la *Grande Comore* pour un arrêt à *Moroni*. Je pourrais m'éterniser sur la beauté de ces îles, ces incomparables fonds sous-marins, cette végétation luxuriante, cet archipel préservé de l'avancée galopante touristique.

Un retour à Diego pour quelques jours seulement, le 11 juillet, nous appareillons dans l'urgence pour porter secours à un chalutier en difficulté, le *Neweberg*. Malgré une prise en remorque, il coulera, mais l'équipage lui sera sauvé, déposé et débarqué à *Majunga*, un port au nord-ouest de Madagascar.

À peine de retour à Diego, nous repartons pour un exercice Franco-Anglo-Hollandais dans le canal du Mozambique. Si mes souvenirs ne se trompent pas, ce fut l'occasion du premier atterrissage d'une alouette III sur le pont arrière. Quel après-midi de galère ! Malgré un pilote hors pair, les tentatives s'enchaînaient. Ce jour-là en pompier lourd j'étais servant de lance incendie. Le Bourdais tanguait légèrement, la mer était quelque peu mouvante, quand enfin il se posa. Au décollage, un de patin toucha une bitte d'amarrage. Ce fut la seule et la dernière tentative que j'ai connues. Peut-être aussi par manque de pilote pour une autre expérience ? Par contre une multitude d'hélitreuillages de personnes ou marchandises ainsi que le transfert de personnel sur une chaise tenue par un câble tendu entre deux bâtiments. Mais aussi le transfert de carburant en mer. Je me rappelle d'un camarade, quartier-maître-chef mécano, atteint de la maladie du syndrome de *Kleine-Levin. Il* était posté à la vanne de chargement. Malgré les ordres répétés de l'ouverture de celle-ci, la vanne restait fermée. Un matelot dépêchait sur place, le trouva endormi ces quelques minutes d'attentes, et malgré un laps de temps très court, la fatigue avait eu raison de sa surveillance.

Notre plage arrière était aussi le lieu de prière de nos boys comoriens. Cela m'amène à un souvenir triste. Nous avions récupéré à bord une chienne. Je ne sais plus à quelle escale ? Ni si elle était ou se retrouva enceinte ? À la naissance des chiots, quelques camarades machinistes trouvèrent amusant, une nuit, de les déposer mort, dans la banette d'un de nos boys. Mais nul d'entre nous n'aurait pensé à cette fin incompréhensible et tragique. La nuit qui suivit, un homme disparaissait englouti par les flots marins, un boy était absent.

Mais cette plage arrière, à qui l'on avait soustrait sa tourelle de 100 mm, était pour tous un lieu privilégié. Quel que soit la spécialité, ou le grade, chacun venait y retrouver un moment de solitude face à ce décor inconsistant et changeant. Mais aussi entre camarades en des discussions enflammées. Elle était de même là pour nos séances de cinéma hormis le poste de quart, où officiers, sous-officiers, équipage se côtoyaient en un mélange très convivial et qui durant ce temps, nous faisait oublier les grades. Les uns étaient assis sur le pont et d'autres sur des chaises. Un certain nombre d'entre nous avaient le torse nu. L'on pouvait entrevoir quelques fois des chemisettes beiges, parfois même, la tenue blanche de notre commandant. Cette plage arrière, en mer, était là de même pour nos séances récréatives, des concours sportifs ou divers (*passage de l'équateur, pêches aux Kerguelen, et bien d'autres encore*). Mais elle était là aussi lors de nos escales étrangères où nous organisions des cocktails et autres rencontres avec les personæ gratæ locaux.

Nous sommes de retour à Diégo-Suarez le 17 juillet, pour quelque temps de repos, disons pour quelques jours de réparation et d'entretien du bâtiment par la DCAN. Un temps pour profiter des joies de cette île et surtout de ces femmes malgaches, qui pour une location mensuelle nous offraient le gîte, le couvert, et même la tendresse. Nous qui n'avons aucune famille qui pouvait nous rejoindre. Et puis, qu'elle en serait l'avantage de les installer sur cette île, si nous en avions, nous sommes si peu à quai.

Le 23 août, nous repartons. Pour ce déplacement, nous avions embarqué, envions 2 tonnes de clous de girofle de Madagascar, pour une revente à Djibouti. Contrebande, me direz-vous ? Non ! un simple renflouement de la caisse du bord pour agrémenter les escales futures. Notre tort fut de les avoir stockés dans les locaux de ventilation, l'odeur fut prenante et entêtante durant tout le trajet. Pour une mission dans l'océan Indien, nous rejoignions Djibouti le 29 août. Il faut comprendre qu'à cette époque l'un des problèmes majeurs était le pétrole, ce qui motivait notre présence en cette région. Que de bâtiments, de guerres et de marines étrangères, avons-nous rencontré ? Et croisé ? Qui comme nous venaient en visites touristiques !!! Sur ces sites des *îles Socotra*.

En ce 29 août à notre arrivée à Djibouti, il est à signaler un fait marquant, une grève de la faim. Peut-être bien, une bien grande définition pour cette action, elle n'a duré que le temps du repas de midi. Seuls les chefs de postes d'équipages s'étaient présentés à la cafétéria. Les raisons, si mes souvenirs ne me font pas défaut, étaient principalement dues à la qualité déplorable de la nourriture et à la mésentente entre certains services qui entraînaient une guéguerre de ceux-ci. L'affaire fut réglée entre le Pacha et le Commissaire. Afin de détendre l'atmosphère et ressouder l'équipage, il fut organisé un méchoui sur *l'île Maskali*.

Durant cette escale, me semble-t-il, nous étions à couple d'un escorteur d'escadre en une mission ponctuelle. À notre habitude, à bord, nous étions en short, torse nu et sans bachi, notre tenue de travail normale, quoi ! Traverser leur bateau était une galère, notre tenue n'était pas correcte, pas militaire et pourtant elle était notre tenue journalière. Sur les avisos escorteurs, il est vrai que l'on voyait un certain relâchement, nous étions plus marins, plus professionnels dans notre métier que militaire, par le fait que nous étions plus souvent en mer qu'à terre souvent seuls, et plus fréquemment nous naviguions en outre-mer. Les rapports et l'ambiance dans l'équipage donnaient plus l'impression d'une bonne camaraderie. Le constat pouvait aussi se faire lors des exercices militaires entre navires français ou étrangers. Durant les postes de combat il n'était pas rare de voir, sur le pont du Bourdais, des officiers mariniers et matelots torse nu déambulaient sur le pont, certains prenaient des photos, d'autres sur la plage arrière flânaient, se reposaient, ou jouaient en diverses occupations. L'on pouvait voir tout de même quelques casques sur la tête des canonniers aux mitrailleuses de 40 mm. Dans le même sens, un de mes rôles était de contrôler les niveaux d'assiettes du bâtiment, lors de notre arrivée et du départ de nos escales, que je transmettais à la passerelle, et ce, dès la mise en place de l'échelle de coupée. Tâche que j'effectuais en tenue grise de travail et bachi peut-être pas toujours et parfois même pied nu. De temps à autre, j'acceptais quelques remontrances, que j'oubliais vite, j'aurais dû porter la tenue blanche, celle de sortie, mais pourquoi la salir ?

À la mi-septembre, nous remontons le golfe Persique qui, dès la nuit tombée, était illuminé par d'innombrables torches lumineuses que produisaient ces multiples puits de pétrole, ces horizons mystérieux, qui tiennent, à la fois du polar et du roman de fiction. Au soleil levant, tout cela s'estompe, des pétroliers géants, des monstres des mers nous croisent, ils nous rendent insignifiants, minuscules sur cette mer d'huile. De part et d'autre, des poissons volants nous accompagnent en des vols gracieux et arabesques, arrivant même parfois à s'échouer sur le pont. Ils nous faisaient comprendre notre maladresse et notre lourdeur sur cette mer. Puis nous pénétrons sûrs, plutôt dans le *Chatt-El-Arab*, frontière naturelle entre l'Irak et l'Iran. Que dire de ce moment, de ces deux pays en conflit constant ? Une nuit de remontée à faible vitesse, une arrivée sur Bassora, la rencontre de boutre splendide, où les équipages nous saluaient en de grands gestes.

Ils nous laissaient à espérer un agréable accueil. Nous déchantons rapidement, une mitrailleuse russe était, là, plantée face à nous, à notre point d'accostage, il est des parties du monde où la vie est loin de notre imaginaire. Les visites du pays sont dans un même ordre. Ici, nous sommes accueillis et montés dans un car sous la surveillance de gardes armés, nous parcourons le désert, toutes photos étant interdites, pour revenir à notre point de départ. Le soir, nous avons la chance d'être guidés, par des militaires russes, de découvrir quelques tripots clandestins. Trois jours d'escales qui ne laissent que peu de souvenirs. Un fait, tout de même de retour de permission, avec quelques bouteilles de vodka caviar, un second maître de quart à la coupée m'obligea à les jeter à la mer... Règlement, règlement! Mal, lui en a pris au bout d'un mois d'un commun accord, je ne jetais plus casquette, chemisette et autres laissées sur le pont arrière par lui-même et en contrepartie j'avais un libre accès à son compte au bar des OM. Accès, je dois le reconnaître que je n'en abusais nullement.

Nous redescendons le *Chatt-El-Arab* et reprenons peu à peu à la vie, par la rencontre de ces boutres aux voiles multicolores et sous les signes joyeux des équipages. De ces berges verdoyantes par ces bords envahis par ces palmeraies et ces agitations agricoles. Nous longeons *Abadan* et ses raffineries de pétrole et pénétrons dans le golfe persique, direction *Bander-Abbas,* un port militaire de l'Iran où peu de choses sont à dire enfin peut être où la prostitution était interdite. Mais où les taxis verts nous menaient dans le désert, une ville des plaisirs où l'hygiène était inconnue, où une simple éponge pendue au plafond avec un élastique faisait office de nettoyage et ne nous laissait que peu d'attirance.

Nous quittons le *Golfe Persique.* Le 8 octobre, je découvre *Bombay,* une ville immense qui s'étend sur des dizaines de kilomètres. Une rade gigantesque où mouillent une multitude de bâtiments de commerces, *l'île Èléphanta* et ce temple impressionnant creusé dans la roche qui m'a laissé des souvenirs inoubliables ? Une ville démesurée dans un mélange de croyances hétéroclites qui cohabitent dans une hétérogénéité mystique. Une ville où se mélangent le modernisme et les taudis, la richesse et la pauvreté la plus abjecte. Ces rues envahies de pousse-pousse avec ces cris et ces injures. Mais aussi ces vaches sacrées, elles déambulaient librement dans ces rues, où aucun n'aurait osé toucher à ces bêtes, mais aussi ces singes, ces rats, et bien d'autres que je ne serais cité et qui sont vénérés et intouchables. Ces milliers de boutiques, de bazars et de stands extérieurs qui vendaient ivoire et bois de santal dans des sculptures d'une finesse exceptionnelle. Ces soieries dans toutes ces couleurs vives et multiples et tous ces souvenirs et bibelots, que l'acquisition se faisait dans un jeu de marchandage, presque nécessaire, voire même obligatoire en ce pays. Mais dans cette immensité humaine, ces espaces religieux suant la richesse dans ses volumes et ses couleurs, une indifférence dans la cohabitation entre riche et pauvre. La rue, comme les bidonvilles accueillaient des milliers d'humains vivant et cuisinant dans la rue, subsistant par ces quelques roupies, acquit bien souvent par aumône.

Le 15 octobre, nous rejoignions Djibouti et rapidement nous reprenons la mer. Les événements de l'époque demandaient une surveillance dans le *golfe d'Aden* et la *mer Rouge*, 20 jours de mer à tourner en rond, avec des retours ponctuels à *Djibouti*. Ces 20 jours à rencontrer des navires de commerces et militaire de tous pays nous portèrent au 5 novembre et à la fin de notre mission. Nous rejoignions à nouveau les *Comores*. Devant *Dzaoudzi* nous rencontrons *l'aviso escorteur Protet*.

Durant cette mission au sein de la mer rouge, nous faisons une escale à *Massawa* en *Érythrée,* que dire d'un tel pays ? De tout temps, ce port était considéré comme *la perle de la mer rouge*. Il était le plus important de cette contrée africaine, mais voilà les décennies de guerres, de conflits, d'hostilités, de guérillas, qu'elles ont apportées, en ce secteur, que la misère et le dépeuplement de la région. Un port non reconstruit depuis la guerre 39-45, qui menace ruine, des rues vides et silencieuses, où nous apercevons que très rarement un passant. Les bâtiments qui les bordent sont dans des états de délabrement avancés. Des édifices qui autrefois devaient être magnifiques, telle la mosquée de *Sheikh Hamal* édifiée vers l'an en 630, menacent ruine. Le désert à perte de vue, ne nous engage nullement à des visites des lieux.

Nous sommes de retour à *Diégo-Suarez* le 13 novembre. Sept mois de mer obligent le navire à une petite remise en état. Pour nous, l'équipage, par roulement, quelques jours de repos bien mérités à *Joffreville*. Un centre de vacances militaire à une trentaine de kilomètres, parcourus avec nos taxis préférés. Ce site est sis dans la forêt d'ambre, nous offrant des ballades exceptionnelles. Une multitude de tractions-avant de l'époque de la guerre de 39-40 étaient utilisées comme tracteur, les zébus (vache à bosse) maigres et efflanqués paissaient en tous lieux et en complète liberté. Mais aussi ces *flamboyants*, arbres aux fleurs rouges incroyables, où une multitude de Makis (petits lémuriens) se nourrissait de ces fleurs (calice et pistils), ils rejetaient les pétales au sol qui formaient un tapis de couleur rouge aux pieds de ces arbres. Je profite aussi de ces journées sur la plage de Ramena avec ces panoramas exceptionnels. Mais les plaisirs, ce sont surtout ces soirées dans les bars de la ville.

Entre autres le *Tahiti Bar*, le dancing où nous nous défoulions dans des reggaes endiablés, par des chansons telles que *"Sans chemise et sans pantalon de Gérard Labiny, dit La Viny "*. Mais qui étaient très souvent chantés aussi et surtout par des virtuoses locaux. Chanson reprise par Rika Zaraï qui fut, en France, un tube en 1975. Nous profitions aussi de bien autres divertissements de la ville. De cette cité qui nous offrait cet accueil, cette gentillesse si particulière, que nous portait la population de cette partie de *Madagascar*. Il faut comprendre que nous étions en cette période du départ de la France de cette île. Il faut reconnaître qu'en cette époque les jeunes femmes constituaient leurs dots avant leurs mariages, par la mise en couple avec les militaires de passage, une location, en quelque sorte, offrant gîte, couvert, tendresse, et plus...

C'est lors de ce passage à Diego, me semble-t-il que nous avions organisé une rencontre au *lac sacré d'Antanavo*. Le lac aux crocodiles. Mais parlons un peu de ces mythes, qui font la richesse de la culture au travers du monde. Il existe principalement 2 contes, l'un sur la générosité et le second sur la fécondité. Je préfère, pour ma part, le premier.

1— Il est dit qu'autrefois, dans des temps anciens, un vieillard épuisé et déshydraté de passage dans cette vallée quémanda un peu d'eau pour étancher sa soif. Les villageois de cette contrée lui fermèrent leurs portes et lui refusèrent l'eau demandée (chose impensable à Madagascar). Seule une vieille femme recluse aux abords du village lui offrit une calebasse d'eau. Le vieillard la pria de s'éloigner du village, car il était, en réalité, une divinité et par ses colères, il transforma la vallée en un lac et tous ces habitants en crocodiles.

2— À l'endroit où se trouve aujourd'hui le lac, il y avait autrefois un grand village Sakalava. Ce village, qui comme tout autre village Malgache avait un roi, des princes, des princesses. Ils avaient aussi des troupeaux de zébu, des champs de manioc et de patates douces, des rizières. Dans ce village se trouvaient, mêlés à la foule des autres habitants, un homme et une femme, dont les noms sont restés inconnus. Ils étaient mariés et avaient un enfant de six mois environ. Une nuit, il se mit à pleurer, rien ne pouvait le consoler. Elle quitta sa demeure et alla s'asseoir, hors du village sous le gros tamarinier que l'on appelle ambodilôna. Où ? Les femmes ont coutume de se réunir matin et soir, pour piler du riz. Sitôt qu'elle fut assise, il se tut et s'endormit. Elle retourna tout doucement dans sa case, mais à peine y était-elle rentrée qu'il se réveilla et se mit à crier de plus belle. Les tentatives se succédèrent, mais rien n'y fut, elle décida de passer la nuit sous le tamarinier. À peine était-elle assise, le village s'effondra, s'enfonça dans le sol et se remplit d'eau, qui arriva jusqu'au pied du tamarinier où la femme *épouvantée et son fils se tenaient. Ils furent les seuls survivants de la catastrophe. Les Sakalava croient que les âmes des anciens habitants disparus se sont réfugiées dans les corps des crocodiles qui sont vénérés et ne peuvent être tués. Les esprits sont invoqués pour les problèmes de stérilités, les malades peuvent être guéris par un lavage de l'eau du lac.*

Mais attention, il est *fady* (tabou) de se baigner en ces eaux ni, même d'y tremper les mains ou les pieds, on peut y puiser de l'eau, mais loin des berges. Nous avions acheté un zébu à la population locale pour une offrande sacrée, nous n'avions pas vraiment de remerciements à effectuer, mais pour nous, il en était plus le côté touristique. Quoique ! Peut-être, quelques vœux furent évoqués ? Après 2 bonnes heures de trajet en taxi, loué pour la journée. À notre arrivée, tout était déjà en place, le zébu était là, entravé à quelques mètres des berges. Les vierges (les mamas avec leurs enfants et petits enfants) étaient assises quelque peu en arrière dans une joyeuse cacophonie. Nous nous installâmes à une dizaine de mètres des berges. Le zébu fut mis à mort suivant leurs propres rites et les vierges se lancèrent dans de longues palabres monotones, des chants religieux. Au loin, rapidement, de longs sillages fendirent la surface immobile du lac.

Rapidement, 4 ou 5 monstres de deux à trois mètres, énormes, franchirent la berge et la curée commença. Voir ces crocodiles à quelques mètres de nous était impressionnant. Découvrir cette puissance dans ces gueules aux mâchoires gigantesques, je n'étais pas rassuré, malgré cette foule chantante et immobile. Peut-être par habitude de ces repas offerts, le zébu disparu, ils se retirèrent lentement dans les eaux profondes du lac. Pour clore cette journée, nous avions offert aux participants un *sakafo (repas en malgache).* Une journée riches en mémoire et en découvertes.

Mais le 17 décembre, nous reprenons la mer, bien trop tôt pour ma part. Nous mettons le cap sur la Réunion pour une escale de 3 jours où je profite avec 3 de mes camarades, d'une excursion à bord d'un *Jodel* (petit avion pour 3 passagers), que nous avons loué pour un tour de l'île et la visite aérienne de celle-ci.

Le 21 décembre, nous reprenons la mer en direction de l'Afrique du Sud, mais le 25, Noël, nous le passons à bord. Dans ce concept, il avait été organisé un échange où chacun pouvait être susceptible de recevoir un cadeau de la part du père Noël sur ce bateau minuscule et perdu au sein de la mer du Sud. Un conciliabule parcourut l'entrelacs des coursives, une boite fut préparée et remplit de petits papiers pliés où étaient inscrit les noms de tout l'équipage du commandant au simple matelot. Puis elle circula de poste en poste où chacun se vit attribué d'un nom tiré au sort et qu'il garda pour lui. Le jour J, chacun recevait donc un cadeau de la personne ayant tiré son nom. Certes d'une modique somme de quelques dizaines de francs, mais offertes sans distinction de grades ou d'affinités. Du matelot au commandant, tous découvraient des cadeaux surprises, parfois originaux, parfois drôles, mais toujours dans une bonne ambiance et parfois même avec quelques fous rires et pour ma part, peut-être la seule fois où je vis un commandant faire la bise à un quartier-maître.

Le 28 décembre, au Cap accompagné du ravitailleur BB Charente, que nous avons croisé la veille, nous faisons escale à *Captown* pour cinq jours où nous retrouvons quelques lieux fort appréciés.

Le 2 janvier 1974, nous appareillions avec la *Charente* pour un périple à travers *les Terres australes et antarctiques françaises*, dans une mission *des Kerguelen*. Nous mouillions le 8 janvier aux abords des *îles Crozet* pour une journée.

Le 11 janvier, nous mouillions à *l'île Kerguelen* pour 3 jours, le 16 janvier, à *l'île de Saint-Paul* pour une journée enfin le 17 janvier à *l'île Amsterdam* pour 1 journée. Que dire de cette vingtaine de jours de navigation en ces mers lointaines très souvent mouvantes et agitées ? Ces aurores boréales, qui nous enchantaient, certain soir. Ces journées, où nous croisions ces bateaux-usines, monstres imposants, immobiles qui transformaient les pêches reçues en produits congelés, en conserves, ou même salés et que nous évitions et où nous passions au large de ceux-ci. Mais aussi ces quelques bateaux de pêche, auxquels nous apportons vivres et courriers, qui, en contrepartie, nous offraient poissons, homards et crustacés divers et en quantités. Il faut dire qu'à chaque mouillage il nous suffisait de descendre une ligne avec un hameçon auquel nous accrochions n'importe quoi pour remonter un habitant de ces créatures sous-marines. À terre, la faune était multiple et diversifiée. Ces ballades au sein de ces troupeaux de manchots et de pingouins, le contour des phoques, des éléphants de mer et marsouins. Ces cris stridents d'albatros, de pétrels ou de cormorans. Ces chasses aux lapins à coup de pelle, mais aussi ces rats et chats sauvages par centaines. C'est sans parler des Quarantièmes rugissants, ces mers démonter aux vagues effrayantes d'une hauteur incroyable, où nous n'étions qu'une coquille de noix malmenait. Nous avons même atteint une gîte de plus de 40°, pas loin de perdre mât et tourelles. Se déplacer dans les coursives relevait du parcours de combattant. Tantôt sur le plancher, tantôt en partie sur la cloison droite ou gauche, mais le plus difficile et le plus risqué était la montée ou la descente des escaliers, la descente le plus souvent n'était que la glissade des mains sur les rampes inox rapide ou nulle suivant la gîte du navire. La montée, elle était un peu plus complexe, d'un pas, elle nous propulsait au niveau supérieur, ou elle nous laissait collés au plancher. Et pourtant le seul accident que j'ai connu est celui de la descente au poste 4, de plus par mer calme, de la hauteur d'une marche, la chute était mauvaise, elle lui fut fatale. Pour moi, lors de ces mers en tempêtes, très souvent, j'étais confiné à l'avant du bâtiment, dans le local des pompes des puits aux chaînes, malades, n'ayant même plus le pouvoir de rendre quoi que ce soit. Et puis il fut temps de remonter dans les mers chaudes, l'océan Indien nous attendait, nous quittions la Charente pour nous diriger sur le *canal du Mozambique* rejoindre *Diégo-Suarez* où nous accostons le 22 janvier 1974.

Notre temps à quai ne dura pas au désespoir des familles venues rejoindre leurs maris et qui laissaient ses ménages très souvent seuls, dans un pays étranger et pour des mois. Ce retour, fût de même des moments de grande joie et de fêtes diverses par le départ des appelés embarqués à notre appareillage de la France. Comme elle le fut pour l'embarquement de leurs remplaçants, à nous, qui devions rapidement leur enseigner leurs tâches, car nous reprenons la mer pour une semaine d'exercice

Franco-Anglais. C'est à cette période, profitant de cette sortie, que nous avons fait un crochet sur Mombasa. Ce n'était pas seulement une escale touristique, mais aussi le transfert, des biens numéraires, de l'or, des bijoux et autres, des ressortissants français à la suite du départ de la France de Madagascar. Mais cette escale fut aussi l'occasion d'une nouvelle grève de descendre à terre de l'équipage, il y avait encore des restes de mécontentement, mais elle ne fut que courte et éphémère.

À notre retour, nous apprenons que nous appareillons pour une longue mission vers le Pacifique, la Polynésie, les essais nucléaires. Nous devons remplacer le *Balny*, je ne sais plus si cela était, pour ces problèmes de turbine à gaz, ou la perte de ces tourelles et son mât à la suite de sa rencontre avec une violente tempête.

Que penser de ma prolongation de 6 mois de campagne sur le Bourdais, qui venaient de m'être signifiés, un an avant j'étais rejeté de mon desideratum afin de poursuivre mon engagement sur la *Maurienne ?* Les causes, je vous l'ai cité auparavant. La contamination était-elle qu'éphémère ? Il faut le croire. Mes esprits, m'étaient-ils rendus ? M'en étais-je rendu compte ? L'alcool ? Je ne savais pas. Mais, en ces temps-là, je n'en avais pris aucune décision !

Le 27 février, nouveau départ pour le Pacifique. Mes séjours, à *Diégo-Suarez,* mon port d'affectation, où mes jours de présence ont été si peu nombreux, à qui, je l'espère, pouvoir lui dire au revoir avant mon retour en France ? Mais de même à cette population malgache, avec qui nous avions beaucoup de sympathie, malgré un départ de la France programmée. La colonisation prenait fin, Madagascar devenait indépendante.

Un arrêt rapide sur l'atoll de *Diego-Garcia,* base militaire anglaise, perdue au milieu de l'océan Indien. Puis l'*A.E. Protet* venant de *Djibouti* et quittant la zone maritime de l'Océan Indien pour une nouvelle affectation à *Papeete* nous rejoignit pour une navigation en binôme. Nous profitons de cette période pour effectuer une multitude d'exercices en mer, avec ravitaillement à la mer, passage de courrier, transferts de personnel, tirs décalés, exercices de remorquage et bien d'autres encore, nous tenant en haleine et en une occupation épuisante.

Singapour est notre première escale dans le *Sud-est asiatique, la Malaisie.* Que dire de ce port qui possède, un trafic maritime et aérien énorme dû à sa position géographique, mais aussi de cette diversité de langues, et de religion rappelant fortement sa dépendance à la Grande-Bretagne ? Elle me surprend dans ce mélange, où cohabitent avec harmonie ces quartiers résidentiels aux pelouses typiquement anglaises et aux petits pavillons de styles asiatiques. En cette escale, nos pas nous mènent dans le quartier de *Chinatown. C*'est en ce lieu cosmopolite, où dans la même rue *(South Bridge Road)* je peux apercevoir une des plus anciennes mosquées de Singapour, la *Masjid Jamae. U*n peu plus loin un ancien temple hindou, le *Sri Mariamman* dédié à la déesse guérisseuse des maladies, le *Fairfield Methodist Church.* Depuis entre ces deux bâtiments, un temple bouddhiste, le

The Buddha Tooth Relic Temple. Nous recherchons Sago Street *(nom cantonnais sei yan gai ou la rue des morts)* que les anciens nous avaient signalé, mais si *Sago Street* existait encore, la rue des morts, elle n'était plus qu'une légende. Les maisons des morts étaient fermées et interdites depuis une douzaine d'années. Ce qui surprend aussi, ce sont les multiples tenues vestimentaires qui se côtoient, allant du costume-cravate, à la tenue indienne avec turban et passant par ces saris multicolores, sans oublier ces écoliers en uniformes. Le shopping me permit l'acquisition d'un appareil photo avec plusieurs objectifs, une multitude d'accessoires, une sacoche de transport et le tout pour un prix dérisoire grâce au change de la monnaie locale, mais aussi après des palabres interminables et nécessaires dans les mœurs de ce pays. Ne pas oublier ces échoppes qui proposent, toutes sortes de plats cuisinés, nous faisant découvrir tant de saveurs inconnues. Il y aurait tant à dire sur l'Asie qu'un livre ne suffirait pas. Ces quelques jours ne furent qu'un avant-goût à la découverte de ce pays.

Nous faisons connaissance, après trois jours

de navigation dans *la mer de Java,* de l'Indonésie avec une escale à Surabaya. Elle est bien différente de la Malaisie, ici la population est dense, la circulation est un éternel bouchon, où virevoltent les pousse-pousse, champions de la vitesse passant sous le regard autoritaire des policiers. Ici, pas d'exubérance de produit, le marchandage était peu apprécié, mais le travail artisanal était de toute beauté. Que ce soit *la danseuse de Bali, le porteur d'eau* ou *le sage de Gäkya,* le bois de santal et l'ivoire étaient travaillés avec tant de finesse que leurs temps de travail ne semblaient pas comptés et le tout pour un prix dérisoire. Pour clore cette visite, un match de football fut organisé entre une équipe Bourdais-Protet et une sélection de la marine indonésienne. Comme il en est dans leur coutume, une représentation nous fut offerte avant le match, un groupe de militaires exerçant des exercices martiaux. Nous aurions préféré des danseuses de Bali, mais bon !

Nous repartons sur *la mer de Java,* puis *la mer de Banda* et la mer *Arafura* pour enfin traverser le détroit de *Torrès.* C'est en ces lieux que nous avons dû embarquer un pilote australien pour le passage d'un détroit ou d'un canal, je ne saurais le dire, mais sûrement entre l'Australie et la Papouasie, nous naviguions entre les massifs de coraux, dans un paysage inoubliable. Puis enfin, nous rejoignions *la mer de Corail*. Nous atteignons la *Nouvelle-Calédonie* le 2 avril. Alors que le soleil se fait encore paresseux, des tortues marines venaient nous saluer en ces contrées lointaines. Que dire de cette île si ce n'est cette visite d'une usine de nickel, d'une virée en coucou de l'île laissant apercevoir ces multitudes de mines à ciel ouvert, son *château royal, l'Anse Vata,* ainsi que *l'aquarium du professeur Catala* et ses coraux uniques au monde, à cette époque ? Ils réagissaient aux ultra-violets, ce qui changeait leurs apparences.

Mais cette escale sera marquée par un fait important, le décès de notre président de la République, Georges Pompidou. Pour moi, cela ne changeait rien ! Ou peu de chose, que je n'avais rien à y gagner. La France était loin et j'étais déconnecté de la vie politique. De celle-ci, un seul nom figurait sur la liste de candidature présidentielle, qu'elle était donc l'utilité de ce vote ? Enfin, je n'avais pas encore

21 ans, l'âge du droit au vote à cette époque.

Le 7 avril. Une escale de quelques heures à *Wallis* me permet de découvrir que des paradis sur terre existent encore, où la civilisation et le modernisme n'ont pas encore trouvé ce lieu ! Où tout le modernisme est inconnu ou émerge tout juste et où j'espère encore, aujourd'hui, que de tel espace existe encore. Mais aussi à *Futuna* encore plus traditionnelle, l'électricité en était encore inconnue. Les accès à ces îles en ces temps se réalisaient par avion sur l'île de Wallis. L'aéroport avait été construit par les Américains durant la guerre de 39-45 et il fut remis à jour par la France dans les années 1960 en prévision des essais nucléaires français. Pour nous, marins, nous n'avions que le mouillage, les quais n'étaient pas encore là.

Quarante-sept jours de mer et d'escale inoubliable après avoir quitté *Diégo-Suarez*. Le rêve d'une multitude de marins. Il me doit tous de même à signaler que lors de ce déplacement nous avons dû traverser la ligne de changement de date, ce vendredi 12 avril 1974 je l'ai donc vécu 2 fois. Cela n'avait que peu d'importance si ce n'est le fait d'un jour de mer supplémentaire non compté. En ce dimanche de Pâques, le 14 avril 1974, nous rentrons dans le port de *Papeete*.

À l'arrivée, l'ambiance à bord n'était pas au beau fixe pour une question de soldes si la base était la même, le coefficient de campagne était bien plus avantageux pour la Polynésie. Le *Protet* lui, depuis son départ de *Diègo* avait acquis ce régime de solde en raison de son affectation en *Polynésie*. Ce qui aggravait, pour nous, le fait que nous restions au régime *Diégo*, nous qui n'étions qu'en mission. Ce mécontentement se traduisit par une nouvelle grève, mais cette fois-ci de permissionnaire le jour même de notre arrivée. À l'appel des permissionnaires, nul ne s'était présenté. Branle-bas de combat dans les hautes sphères du commandement de bord, et celui du CEP. Malgré un refus de prise en compte par Paris, un arrangement en mai fut trouvé, le Bourdais passait au régime Jeanne d'Arc. Cela dit, cette grève de permissionnaire, ne dura que cette journée.

Pour une bonne partie de l'équipage, le rêve

polynésien se réalisait. Pour moi, ce retour me laissait l'esprit mitigé. Retrouver cette île qui m'avait tant fait rêver et qui m'attirait par ces paysages et cette ambiance bucolique. Je repensais, à toutes ces soirées, ces retrouvailles avec mes *RaeRae* préférés. Je pourrais en faire profiter mes camarades lors de ces soirées et nous offrir ainsi, de bonne rigolade. Retrouver ces *Tahitiennes* et *Tinto* que j'avais délaissés lors du départ de ma première campagne. Retrouver cette piscine, où j'avais passé tellement d'heures. Oui ! que de découvertes, de rencontre et de choses, il me restait à réaliser ! Mais 1 an et demi était passé, le nombre de véhicules s'était intensifié, tout comme le goudronnage des routes. Les roulottes de chiens-chauds *(elles proposaient divers plats à base de viande de chien au prix légèrement supérieur du poulet ou du porc)* sur les quais avaient vu leurs nombres se réduire, mais restaient présentes sur le pourtour de l'île. Les bagarres en soirées s'étaient intensifiées. Mais laissons là *Papeete*, j'en ai déjà longuement parlé auparavant.

Cette arrivée en ce jour de fête, le bâtiment offrait une triste mine. Ces longs jours de mer, pas toujours calme, très souvent houleuse, le peu d'entretien des supers structures, n'étant que peu à notre port d'attache, les embruns marins, tous ces paramètres apportaient à la coque un puzzle de taches de rouille, de tache de la blancheur du sel marin au sein du gris originel. Quel contraste avec les autres avisos basés ici auprès desquels nous avions accosté, avec leurs peintures rutilantes, mais une mise sur dock, quelques coups de peinture, une révision totale, et surtout une décarfartisation du navire ! C'est sur deux jours, me semble-t-il, que durait l'opération. L'équipage était débarqué, et accueilli au camp *d'Arué*. Avec 5 de mes camarades, nous étions consignés à bord pour des tours de garde et la surveillance afin d'empêcher toute intrusion. Une équipe spécialisée venait injecter un gaz (le gaz jaune, disait-on ? Mais je n'en ai jamais eu la confirmation). Le lendemain après la ventilation du bâtiment, la même équipe revenait pulvériser un liquide blanchâtre sur les murs sols et plafonds pour tuer les larves dès l'éclosion des oothèques déjà pondues. Au retour de l'équipage, le poste d'entretien était intense, le nombre de seaux remplit de cafard mort et jetés à la mer, était impressionnant. Mais ils faisaient la joie de la faune marine attirée par ce festin improvisé. Parlant de cafard, un souvenir me revient, nous étions en mer, je ne sais plus où, mais je dormais. Un réveil brutal, des sons et des sensations étranges dans la tête, une chose me dévorait de l'intérieur, je ressentais des effets incompréhensibles, ils me transportaient en un mal à être profond. Aujourd'hui encore, ces crissements et ces sensations de pénétration dans ma tête m'apportent des peurs irraisonnées. Réveillés par mes cris, mes camarades me transportèrent à l'infirmerie. Le médecin ou l'infirmier, je ne sais plus, détecta un cafard dans mon conduit auditif. Le trépas de cette pauvre bête piégée en ce conduit fut sa noyade à mon grand soulagement. Durant notre période d'entretien, les peintures des superstructures et de la coque étaient terminées, les travaux de remise en état, surtout concernant les machines, étaient bien avancés. Bien qu'elles réclamèrent une forte mobilisation du personnel, mais aussi grâce à l'aide efficace du personnel des AMF (*atelier militaire de la flotte*) et comme les cinq avisos escorteurs présents en Polynésie étaient stationnés à *Papeete*, l'état-major avait prévu une sortie de ceux-ci pour une photo devant *Mooréa*. Le retour, lui, fut un plus laborieux. Nous étions le cinquièmes à rentrer et la place était restreinte pour accoster, à la culée au quai. Ce jour-là, il y eut quelques tôles froissées.

Le photographe, Sylvain, prévu pour cette réalisation, était bien connu à Tahiti.

Je ne vous parlerais pas de ce deuxième séjour à *Tahiti* et les îles de Polynésie l'ayant déjà décrit dans les chapitres précédents

Le 9 juin, départ pour *Mururoa* que je retrouvais avec un plaisir mitigé. Après 1 an et demi d'absence, je retrouvais ce système de vie typique à *Mururoa*, cette vie de décontraction, cette vie où le lendemain n'existait pas ou si peu, cette vie où le travail était de 7 jours sur 7, cette vie où peu de loisirs étaient proposés. Ils étaient réduits aux bars, à la piscine et au lagon. Une tournée au bar de Kathie, qui ne fut plus la même, mes amis pilotes avaient fini leurs temps à *Muru*, je n'étais qu'un marin de passage. Je me rendis sur la *Maurienne* où mes anciens camarades, eux, aussi étaient partis, mais je fus chaleureusement accueilli par ces nouveaux remplaçants avec quelques *Manuia* et anecdotes des temps passés. Mais l'accueil le plus chaleureux fut au bar des légionnaires, le bar Martine. Je retrouvais là quelques amis toujours présents. Les camarades qui m'accompagnaient profitèrent de cette soirée quelque peu épique et le retour me rappela ces moments si peu lointains et toujours avec notre caisse de bière sur l'épaule cadeau de nos amis légionnaires.

L'énorme ballon jaune au-dessus d'Anémone nous signalait l'éminence d'un nouveau tir, puis son déplacement sur une barge face à Dindon. Le 15 juin au soir, nous prenons la mer, pas trop loin tout de même. Capricorne dont le tir du lendemain était de faible puissance, l'équipage pouvait rester sur la plage arrière avec toutes les obligations de sécurités que je connaissais déjà et que j'ai décrites dans un chapitre précédent. Pour moi, cela n'était qu'un remake d'une situation déjà vécue, je pris donc le quart au poste de sécurité laissant à mon camarade le plaisir de vivre ce moment. Pour anecdote, il me semble que seul le Commandant Bourdais, de tous les avisos escorteurs basés en Polynésie, a assisté au tir d'un essai nucléaire. Je parle de la période de tir aérien, dont 1974, en fut la dernière année. J'ai de même le souvenir, lors de cette escale à *Muru*, d'un très fort coup de vent, qui pour moi était coutumier de connaître en cette période de l'année sur la *Maurienne*. Ce jour-là, seul un bollard (pour le capelage et l'amarrage des aussières) fut cassé et retrouvé par les plongeurs, réparations faites à Papeete.

Le temps de cette présence à *Muru* prenait fin et fut ma dernière visite de *Mururoa*.

Le 2 juillet, nous reprenons la mer, direction Papeete. Le 19 juillet à 20 h, un fait est à signaler. Le tracé de l'enregistreur de radioactivité indiquait un pic. Il indiquait qu'une contamination s'était abattue sur *Tahiti*. Alors que celui-ci était habituellement plat, le tracé ne pouvait mentir. Le tir de centaure avait eu lieu le 17 juillet ! Coïncidences ?... Que de nombreuses années a-t-il fallu pour quelques éclaircissements ? La tête du champignon devait culminer aux alentours des 8 000 mètres, il culmina qu'à 5 200 mètres. À cette hauteur, les vents ne poussèrent pas la tête du nuage vers le nord comme initialement prévu, mais vers l'ouest. Autrement dit, en direction de l'île de Tahiti, située quasiment en ligne droite. Une heure après l'explosion, les retombées atteignaient *Tematangi*, le poste météorologique le plus proche de *Mururoa*. Elles traversent ensuite l'île habitée de Nukutepipi, surnommée *l'île des milliardaires*, puis survolent *Anuanuraro, Anuanurunga, Hereheretue*. Les poussières radioactives frappèrent Tahiti le 19 janvier 1974, aux alentours de 20 heures. Contrairement à ce que peut affirmer notre pacha de l'époque, dans l'un de ces écrits *(« le nuage était parti dans les basses couches de l'atmosphère avec un régime de vent d'est qui l'avait amené à survoler Tahiti à un niveau dont je peux témoigner personnellement qu'il n'avait aucune signification sur le plan de la santé »).* Que peut-on croire en de tels dires ? Bien sûr ! Qu'à cette époque nous avions bien moins la connaissance de ces faits, mais ces écrits ne sont pas si vieux, pourquoi ?... Pourquoi ? Tout comme l'autruche se mette la tête dans le sable, la population, elle en avait bien subi les conséquences, et plusieurs écrits en témoignent de ces faits.

Le 20 juillet 1974, suite à une indisponibilité de l'*EV Henry,* nous le remplaçons pour faire le piquet météo du 20 juillet au 20 août. Pendant ce mois, nous avons connu la lassitude d'une navigation à faire des ronds dans l'eau, à suivre des nuages radioactifs et à commenter les bips de l'enregistreur de radioactivité. Les journées étaient ponctuées par le rythme des sondages *météos*, ballon emportant des modules bien différents de ceux des météorologistes. Ces moments étaient par ailleurs bien souvent des occasions de détentes et de rigolades par l'envoi complémentaire de ballons de notre cru, *"des capotes"* où chacun y ajoutait une annotation personnelle. Le dernier jour de météo, le stock de ballon se réduisit à peu de chose. Des messages furent envoyés tous azimuts. Je ne pourrais affirmer qu'un quelconque message fut reçu, mais je ne peux en alléguer du contraire. Bien sûr lors de ce mois de navigations, seuls sur cette immensité océanique, le travail et les quarts sans discontinuité rendaient ces journées épuisantes durant cette mission, nous attendions tous des événements qui nous sortaient de la routine. À mi-terme, la *Punaroo (ou Papenoo)* nous ravitailla en vivres frais et mazout, mais aussi des nouvelles fraîches de *Tahiti.*

À un autre moment, c'est un chalutier Nord-Péruvien, me semble-t-il? Des bagnards péruviens, disait-on! Mais je ne pourrais en fournir aucune confirmation, mais avec qui nous avons échangé poisson frais et dents de requin contre des vivres et touques de vin? Il faut dire que ces bateaux de pêche étaient, bien souvent, en très mauvais état et passaient de longs mois en mer. Parfois, nous les voyions accoster à *Papeete* pour décharger leurs cargaisons. Nous les retrouvions le soir dans les bars où tout comme nous ils n'étaient que peu appréciés par la gent masculine locale.

Notre solitude avec la seule compagnie des albatros, ses oiseaux voiliers des océans, géants des mers qui nous offraient ces ballets impressionnants en ces longs vols planés au ras des flots. Mais en ce jour, veille d'un tir, nous croisons un navire britannique à l'arrêt, en panne pour être plus précis…! alors qu'il était en route pour l'Australie. Hasard? On ne peut que le croire! 36 heures plus tard, la panne réparée, le tir effectué, ce navire d'observation des expérimentations reprenait sa route, direction l'Australie, mais pour combien de temps on ne pouvait le dire, les essais français pour cette année-là n'étaient pas terminés?

Le retour sur *Papeete* ne nous laissait que peu de temps pour une remise en état du bâtiment, en prévision de notre rapatriement dans l'océan Indien. De ce deuxième séjour en Polynésie, ce que je peux retenir, c'est le plaisir et la découverte de ces îles que je ne connaissais pas. Ce climat chaud et humide, mais agréable malgré tout que j'avais fini par apprécier. Découvrir les jeux du Pacifique ? Comprendre pourquoi ils ne font pas partie des enjeux olympiques, lorsque l'on voit la puissance et la volonté qu'ils déploient. L'obtention des permis C — D — E, dans les mêmes conditions que mon séjour précédent et qui me furent bien utiles dans ma vie future. Mon seul regret est de m'apercevoir de cette arrivée galopante d'une société dite avancée des pays riches. Tel un rouleau compresseur, elle écrasait tout, elle transformait leurs mœurs et leurs cultures. Leurs joies de vivre, leurs nonchalances, leurs accueils disparaissaient remplacés par les vicissitudes de notre vie européenne et le besoin d'argent.

Le 5 septembre, nous prenons la route du retour. Pour calmer la nostalgie que ressentait l'ensemble de l'équipage, nous faisons dans la soirée un rapide passage dans le lagon de Bora-Bora, permettant à chacun de mémoriser une image de cette île somptueuse. Puis route sur les Nouvelles-hybrides et passage dans la mer de *Koro*. Pour ce retour, il nous était nécessaire de repasser la ligne de changement de jour. Fais du hasard peut-être, mais elle tomba un dimanche le 7 septembre 1974. Ce fut un jour que nous n'avons pas connu, un jour qui ne fut pas, le 7 septembre 1974, fut pour nous un lundi.

Le 13 septembre, nous arrivons en *Nouvelles Calédonie* et accostons dans le port de Nouméa, escale que nous avions déjà faite à l'allée. Le 17 septembre, nous repartons en direction d*es Philippines*. Ces 10 jours de traversée furent une continuelle découverte. En premier lieu, ce fut en cette fin de journée, et la nuit de même, je soupçonne le commandant d'avoir abaissé même la vitesse du navire, où nous avons longé une côte bordée d'îles d'où une multitude de volcans étaient en éruptions. Spectacles féeriques, surtout la nuit tombée. Des feux d'artifice immenses, intenses, qui illuminaient le ciel. Des coulées de lave rougeâtres, des rivières de feu qui se jetaient dans l'océan et produisaient des bouffées de vapeurs impressionnantes, mais où il n'existe que peu de mots pour expliquer de telles beautés et démontrer ces forces grandioses de la nature.

Un autre événement fut le passage de la ligne de l'équateur. Cette fois-ci, une bonne partie de l'équipage n'était pas possesseur du fameux diplôme.

La veille du jour du franchissement, les heureux élus reçurent leurs convocations par le facteur désigné, dans des conditions qu'il peut être délicat d'exprimer. Le lendemain pour les pauvres qui franchissaient la ligne pour la première fois, la journée était difficile, pour nous, diplômés, nous les faisions passer en divers stades de déchéance, presque inhumaine. Moi, j'étais un sauvage qui les faisait traverser sous un filet tendu au sol où ils étaient constamment arrosés avec une lance-incendie. Cela leur permettait de se laver après la glissade dans le bouillon de poubelles, le barbouillage de cirage et autres, la soupe des sorciers-cuistots et divers passages peu ragoûtants où les écrits ne peuvent être que peu explicites. Seules photos et souvenirs peuvent démontrer ces quelques heures de turpitudes. Malgré tout, l'ambiance restait joyeuse, sans un seul reproche, ni même un seul regret. Que ne fallait-il pas subir pour l'obtention de ce fameux diplôme ?

Sur ce trajet de même, nous nous trouvions au-dessus de la fosse des Mariannes, la plus profonde, au monde environ 11 000 mètres. Notre pacha prit la décision d'une baignade sur la fosse, par tiers de nageur. La profondeur ne changeait en rien la vue de l'océan, mais cela n'était que le plaisir de nager au-dessus de cette immensité. Le dernier tiers a eu moins de chance, leur prestation fut écourtée par l'arrivée d'un grand requin blanc de plus de quatre mètres. Ce jour-là, ce ne fut pas notre seule rencontre, une baleine bleue ou rorqual, d'environ une trentaine de mètres. Elle croisa notre route, un monstre, un tiers environ de la longueur de notre bâtiment, elle nous obligea à nous déporter, mais aussi ralentir pour nous permettre d'admirer la beauté et la majesté marine de cet animal.

Sur le trajet de la Nouvelle-Guinée, dans le détroit de *San-Bernardino*, se trouvaient deux petites îles, les *Sansorols*. *P*our son plaisir, le commandant avait pris la décision de passer entre celles-ci, un passage d'un mille environ. Le peu de populations présentes ne pouvait être qu'étonné du transit d'un tel navire. Le large regagné, le franchissement du détroit a marqué notre entrée dans *la mer des Philippines*. Le 27 septembre, nous accostons à *Manille*. Cette escale est pour moi, pour l'équipage, je pense de même, une des relâches les plus inoubliables. La gentillesse de la population, la gent féminine plus précisément, enfin les étudiantes !

... Jeunes, elles étaient et le sont restées pour moi, de réelle beauté. À Manille, il n'y avait pas de prostituée, mais de ces étudiantes, qui, pour quelques pesos philippiens, nous offraient ces quelques plaisirs recherchés par tous les marins du monde. Le jour de l'arrivée, l'équipage était en grève de permissionnaires selon une note de notre officier en second. La raison ? Un retour à bord pour minuit, dû à un couvre-feu de minuit à 6 heures du matin instauré à Manille. Elle nous interdisait de ce fait de découcher. Bien sûr, nous profitâmes des avantages de cette escale dans les jours qui suivirent. Une visite à la brasserie SAN MIGUEL, la tournée de la production n'était pas le plus attendu, mais la dégustation à volonté en fin de parcours, oui ! Le retour par un car que nous avions affrété fut épique. La rencontre avec ces étudiantes, pas pour des cours de langues, quoique !... Mais des jeux que la décence m'interdit d'en parler. Par ce fait, il se disait dans les coursives que seules 2 personnes n'avaient pas "fauter" le second et l'aumônier, sauf que nous n'avions pas d'aumônier. Un consensus au sein de l'équipage s'était formé dans l'affrètement d'un charter entre *Manille* et *Diègo*. Projet qui, me semble-t-il, ne fut pas mené à thermes. Moi-même, ayant débarqué à *Djibouti* je ne puis en confirmer la réalisation.

Nous appareillions pour l'île de *Sumatra*, par une traversée du *détroit de Mindoro* et la *mer de Sulu.* Nous longeons *les côtes de Palawan* et les *côtes de Bornéo* par la *mer de Chine.* Sur le *détroit de Malacca* au large de *Singapour,* nous rencontrons des bâtiments de la marine nationale, le *Duquesne et* le *Jauréguiberry. Ils* étaient accompagnés, du bâtiment atelier *"la Garonne",* en exercice dans la région.

Le 8 octobre, nous accostons, en compagnie du *BSL Garonne,* à *Belawan,* une base navale de la Marine indonésienne dans le *port de Medan,* la deuxième ville de *Sumatra,*

Une excursion au *lac Toba,* qui est un lac volcanique, dont la dernière éruption date de 74 000 ans. Il est le plus grand du monde, un lac d'altitude, ayant en son centre une île culminant à 950 mètres d'altitude et se situe au nord de l'île de Sumatra. La population *Batak Toba* de culture plutôt protestante et d'un accueil calme et chaleureux. Ce qui m'a le plus impressionné, aussi, c'est la construction des demeures *Batak*. Deux jours de rêves et de plénitudes en ces contrées, où tous nous amenaient à la zénitude et à la richesse de cette faune diverse ; éléphant, tigres, orang-outan et bien d'autres, qui seraient trop longs à citer avec la certitude d'en oublier. À ne pas oublier cette culture et ces monuments exceptionnels.

Que dire de plus sur ce port, peu différent des autres lieux d'Indonésie déjà visités, si ce n'est l'impossibilité de réparer le loch (*appareil permettant de calculer la vitesse du navire)*, l'eau du port étant trop boueuse ! Elle donnait une visibilité insuffisante aux plongeurs du bord pour une réparation de celui-ci. Sur une proposition de la marine indonésienne, une courte escale fut organisée sur *l'île de Weh* à *Sabang*, dans un petit port militaire (*pour info, cette petite île fut atteinte par le tsunami de 2004 et elle subit d'énormes dégâts*). Ce jour-là, j'admirais l'habileté de notre Pacha pour la manœuvre du Bourdais dans ce petit port à peine plus grand que lui, et qui, je dois l'avouer, n'en fût pas la seule occasion. Elle permit ainsi le changement du loch. De cette courte escale, où nous ne nous sommes nullement descendus à terre, mais elle nous laissait présager et regrettait d'agréables moments. La certitude de même qu'aucun bâtiment de la marine nationale n'avaient mouillé en ces lieux, ni même que d'êtres un site touristique ! Elle m'apportait quelques fiertés.

Le 17 octobre, accompagnés de la *Garonne* nous accostons dans le port de *Madras* renommé en 1996 en *Chennai*. Elle se situe sur la côte de *Coromandel*, bordant le *golfe du Bengale*. Je retrouve une autre face de l'Inde, mais que dire d'une ville, une mégalopole plus tôt, aux alentours des 6 millions d'habitants à cette époque ? Cette ville donnait l'impression d'avoir subi un tremblement de terre la veille. L'on pouvait voir les constructions neuves et modernes côtoyaient des temples hindouistes ou bouddhistes exceptionnels, cathédrales et églises chrétiennes, cernés par des bâtiments en ruines et des taudis. Une circulation infernale dans un brouhaha de klaxons constants, l'on retrouvait même des véhicules roulant en sens inverse sans état d'âme. Le nombre de personnes qui se déplaçaient à pied était impressionnant, peut-être dû à cette extrême pauvreté d'une grande majorité des individus ? Il faut comprendre qu'en ce temps-là près de 40 % de cette société était analphabète. Le nombre de personnes qui travaillaient et vivaient dans la rue était impressionnant.

Je n'oublie pas les visites de ces sites qui ont fait la grandeur de Madras. Le fort *Saint Georges* ainsi que *Sainte-Marie* la plus ancienne église anglicane des indes construit au cours du 17e siècle lors de l'implantation des Anglais en ces contrées. La cathédrale *Saint Mathieu* datant de 1821 et la Cour suprême construite en 1892, tout en brique rouge, elle est encore à ce jour l'un des plus grands palais de justice du monde. La basilique *Saint Thomas,* construite en 1504 par les Portugais et où il est dit qu'elle abriterait les reliques de l'apôtre Thomas ? Mort en l'an 70 après Jésus-Christ dans le secteur de *Madras.* Enfin le temple de *Kapaleeswara* datant du 13e siècle et, peut-être, le plus ancien de l'Inde.

Le souvenir, qui reste ancré au plus profond de moi, est l'accueil et la gentillesse de ce peuple, cette générosité, qu'il nous offrait, me semble-t-il, malgré cette pauvreté, qui était partout, mais qu'il vivait avec bienséance. Tous ces marchands postés sur les trottoirs vendaient toutes sortes de marchandises, des bijoux, des tissus, des fruits et légumes, peu de viande, l'hindou étant principalement végétarien, mais celle-ci était exposée à l'air libre, trop souvent recouverte d'une cohorte de mouches et le tout pour quelques roupies.

Mais je ne peux oublier l'extrême pauvreté de ces pays, comme tant d'autres que j'ai pu visiter. Ce jour-là, j'étais de service, entre 2 quarts, j'étais accoudé aux bastingages du pont arrière. L'esprit, un peu ailleurs, j'observais quelques gamins en haillons. Ils étaient assis sur les quais dans des jeux animés. Quelques marins descendaient les poubelles du bord sur les quais. À mon étonnement, ils les vidèrent sur le quai à quelques pas d'un policier ou gardien qui se trouvait là. Aussitôt, des gamins se jetèrent sur le tas, triant, mangeant en toute hâte. Une fois les amoncellements effectués, le policier les chassa, fit le tri de ce qui l'intéressait, puis s'en alla. Aussitôt, la volée de gamins, tels des moineaux, ils se jetèrent sur les restes qui disparurent rapidement.

Le 22 octobre, appareillage vers *Djibouti*. La date de la fin de cette campagne arrivait à grands pas. Je perdais espoir de pouvoir revoir *Diégo-Suares*. Le retour à *Djibouti* se fit d'une traite. Le détroit entre le *l'inde* et le *Sri Lanka* n'étant accessible qu'aux embarcations à faible tirant d'eau, nous dûmes contourner celui-ci. Lors de la remontée des côtes indiennes, au niveau de Bombay, nous fûmes escortés de plusieurs bâtiments de la marine indienne. Entrés dans le golfe arabo-persique en longeant les côtes *d'Oman* puis du *Yémen,* nous portâmes jusqu'au 2 novembre et à l'accostage à *Djibouti.* Pour moi, cette escale me signalait l'approche de la fin de cette campagne.

Durant cette escale ou une précédente, mes souvenirs me font défaut. Je me souviens de cette excursion au *lac Assal* (mer de sel), situé à une centaine de kilomètres de *Djibouti,* mais pas de route goudronnée, seulement des pistes où les gros engins militaires de la légion passaient sans difficulté. Ce lac est posé à 153 mètres sous le niveau de la mer, il est bordé par les remontées du désert du *Danakil* et en ce jour, le volcan *Ardoukôba* était encore absent, il faudra attendre 1978 pour son apparition. Le lac est alimenté en eau de mer par le sous-sol, venant probablement de la baie du *Ghoubbet al-Kharab.* Une température atteignant les 57° en fait un des endroits les plus chauds au monde. L'évaporation est telle que le sel qui s'y accumule sur plusieurs dizaines de mètres de profondeur en fait des plages immenses d'une blancheur aveuglante, qui bordait une eau aux couleurs changeantes suivant sa densité minérale, elle était très salée, bien plus que la mer morte. Il est bordé d'espaces immenses de ce blanc étincelant qui contraste avec le noir des roches volcaniques environnantes. Partie en convoi militaire armé, accompagné par légion, la région en ces temps n'était pas très sûre. Ce lac est une merveille et peut être le seul endroit de cette beauté envoûtante. Malgré mon habitude des pays chauds, ce jour-là je connus la soif. Par cette chaleur extrêmement sèche et malgré le volume d'eau, de bière et de vin que nous buvions même chaud, rien ne pouvait étancher cette soif, qui nous tenaillait.

Les territoires des *"Afars et Issas"* dont faisait partie *"Djibouti"* et auquel je ne peux pas soutenir à quelle escale, mais que peut-on dire de ces pays en guerre, depuis des décennies. Les peuples vivaient dans une misère terrible, dans un pays où la chaleur et la sécheresse étaient les plus intenses au monde. Le manque d'eau, leur était crucial, alors que nous, nous en avions à profusion, mais, elle leur était interdite. Des instants et des faits de ces temps, ont apporté au plus profond de mon être, une répulsion, une apathie, un dégoût et le dénigrement de toute compréhension, enchâssant dans le puits de mon inconscience ces souvenirs, qui restent à tous jamais cachés ! Des instants interdisant toutes raisons et offrant l'incertitude.

Pour moi, cette campagne prenait fin, la date de mon retour par avion militaire était programmée, je ne reverrais pas *Diégo-Suarez,* malgré qu'il soit le port de base de cette campagne. Or, depuis son départ de Lorient en avril 1973, jusqu'en novembre 1974, soit 18 mois, le Bourdais n'avait passé qu'au plus, 80 jours à *Diégo-Suarez.* En ces 18 mois, j'avais passé plus de 300 jours de mer au travers du globe, sur des mers ou des océans pas toujours tranquilles, parfois même démontés, dangereux et cruels. Dans quelques mois, mon engagement militaire prenait fin. Je les passais sur le *Marcel-le-Bihan,* encore un bâtiment blanc, un ancien bâtiment-grue allemand. Ma décision était déjà prise, je ne prolongerais pas cet engagement de cinq années. Je n'avais plus la foi militaire. L'ai-je eu à un moment ou à un autre ? Je ne puis l'affirmer ni le renier. Ces 5 années m'ont apporté des moments de découverte, de joie, de bonheur, de camaraderie, de questions, de doute, mais à ce jour, je ne peux pas en certifier de réponse ni de certitude. J'ai aussi eu cette chance de comprendre que d'être né Français avait ces avantages de ne pas connaître la misère, de ne pas connaître la faim ni la soif, de ne pas vivre sous la Loi d'un dictateur,ou de la guerre. Un pays où, quelles que soient les régions que l'on traverse, nous rencontrons des paysages fabuleux et multiples en leurs diversités. Nous découvrons une culture diverse où les produits culinaires sont sans pareils, une gastronomie sans égale, l'œnologie en ces contrées, ne peut être qu'un régal pour le palais.

Vie et mensonges

Recueil des rêves ésotériques

La communauté étatique s'imposait.

D'une fourmilière, elle dirigeait.

Un commando lui fut désigné.

D'une utopie, il fut envoyé.

- - - - - - - - - -

D'un voyage, il fut envoyé.

Une utilité floue fut désignée.

D'un mensonge, elle le dirigeait.
La mortalité en finalité s'imposait.

Huitième chapitre conclusion

Que dire!.. Que dire? Déjà plus de cinquante années se sont passées.

Bien sûr, les souvenirs se sont émoussés, certains même ne peuvent être énoncés, ancrés au plus profond de notre être, de notre âme.

Bien sûr! les dates ne peuvent être que, quelque peu mélangées, ou elles peuvent être inversées, mais elles n'ont que peu d'intérêts, dans la position de la file. Elles font partie d'une liste, inscrite au jour le jour.

Bien sûr! j'avais signé un engagement et j'avais demandé le Pacifique. Cet enrôlement, je l'ai respecté, je l'ai effectué, *mais outre-mer* n'est pas que *Muru* et pour les appelés, quand est-il?

Bien sûr! l'appât du gain et les belles promesses nous faisaient rêver. Ces pollicitations ont-elles été tenues? À ce jour, l'on peut dire que nous sommes toujours dans l'attente de ses réalisations.

Bien sûr ! la vie à Muru nous avait formaté, nous étions heureux et insouciant. Nous étions jeunes, irréfléchis aux conséquences futures. Nous vivions au jour le jour, nous étions déconnectés de la vie, du monde.

Bien sûr ! certains rentraient en France, l'esprit dérangé, étaient-ils inaptes à un tel métier ?

Bien sûr ! certains ont perdu la vie, mais n'est-ce pas le rôle d'un militaire, de son existence, de sa vie ?

Bien sûr... !!!

MAIS... !

Nous étions des jeunes avides de découvertes, ignorant tous de ces mystères. Nous avions l'âge de la jeunesse, nous voulions vivre pleinement, nous voulions découvrir le monde et rire dans l'insouciance. Nous avions...? Nous avions une vie de marins, mais sur une bande de corail nue. Nous avions...? Nous avions l'alcool, quelques activités et puis?... Et puis...

MAIS...!

Tous n'étaient que promesses, cachotteries et mensonges.

Le mal était là, invisible, sournois, il pénétrait au plus profond de nos corps, tapi, en l'attente de se faire connaître. Il se propageait en de multiples endroits. Il apportait avec lui, la douleur, la souffrance tant physique que morale. Il envahissait les conjointes, il se transmettait à la descendance. Il offrait la maladie et la mort!

MAIS...!

Qui s'en soucie? Le mal était si peu présent. Il était si peu insignifiant, et si lointain, qu'il ne pouvait être la cause de tant d'embarras! Alors pourquoi tant de cachotteries? Pourquoi, sur ces essais, les archives, restent-elles secrètes ? Elles sont interdites ou divulguées avec parcimonies ! Pourquoi, 50 ans plus tard, lors de ma demande de retraite, mes 5 années de marine nationale, ne pouvaient-elles pas être comptées ? Réponse, je n'étais pas Français. Mururoa n'était-il pas Français ? Faisait-il partie d'un autre monde ? D'une autre galaxie ? Pourtant, je suis né en France, de famille française, j'étais un militaire salarié de l'état et sur un navire de la marine national *(50 euros de retraite pour 5 ans de marine nationale, une honte).*

MAIS…!

À ce jour un texte de loi nous autorise à la demande de notre dossier médical. Chose faite ! 2 mois plus tard, je reçois le document précité. Enfin, j'allais pouvoir mettre un quantitatif à cette contamination reçue. La joie et le bonheur ne furent que d'une courte durée, le temps de l'ouverture du courrier et de sa lecture. La mission polynésienne du Commandant Bourdais, elle n'était pas présente. Il n'était peut-être qu'en mission ! La contamination ne pouvait peut-être pas l'atteindre, peut être que lui aussi n'était pas Français ? Sa présence à Mururoa et à un tir. Ces journées de suivi météo à la poursuite du nuage radioactif. La chasse de ces navires étrangers, militaires ou non, qui ne pouvaient être, simplement, qu'égarés en ces lieux de trafic maritime, ou bien sûr !... À la recherche de ces évènements, qui n'existaient pas. Cela n'était-il pas que le rêve d'un équipage ? Le fantôme d'un navire qui n'existait pas ? D'une époque inconnue, d'un autre univers ? Pour la Maurienne, une feuille était présente. Elle comportait une énumération de dates, avec le quantitatif de contamination et de radioactivité que j'avais reçue, je devais être béni des dieux, j'avais échappé à toutes contaminations et toutes les radiations. Mon taux était de zéro millisievert, moins contaminé que si j'étais restais en France ! Par un hasard incompréhensible et malgré le nombre de films dosimètres, que j'avais portés, 2 seuls ont été retrouvés, mais même le sort de la chance était contre moi, car de c'est deux Dosifilms, aucun n'était lisible. Quel dommage tout de même !... Quelle scoumoune peut nous poursuivre sous certaines situations !

MAIS...!

Que comprendre? On dit, on confirme des faits inexplicables, on ferme les yeux sur les évidences, on rejette toutes les explications scientifiques et surtout réalistes, on dénigre les rapports portant tort à une exactitude indubitable. Et pourtant, que comprendre? Suivant le texte de loi n° 2010-2 du 5 janvier 2010 relative à la reconnaissance et à l'indemnisation des victimes des essais nucléaires français, et du Décret n 2021-87 du 29 janvier 2021. Nous vétérans, avons droit à la médaille de la défense nationale assortie de l'agrafe Mururoa-Hao et au port de l'agrafe Essais Nucléaires. Pourquoi de ce fait ne pas reconnaître le droit de santé comme un acquit? Tant d'entre nous ont déjà perdu la vie, ont souffert ou souffrent de maux multiples, transmettant à leurs conjointes cette infertilité, ou offrant à leurs descendances ces mille maux détruisant leurs vies.

HÉ OUI...!

Pour la grandeur de la France, sa notoriété,

pour la mener dans les rangs des puissances militaires, lui permettant une avancée et un bon, dans le développement du nucléaire civil, des hommes se sont sacrifiés!... Disons qui ont été sacrifiés. De tous ces malheureux, ces vies écourtées, ces douleurs supportées, ces familles dépouillées, combien en restent-ils pour pouvoir en témoigner?... Si peu, qui, de jour après jour, disparaissent. Pourquoi lors des conflits où l'on dénombre les morts et les blessés, en les déclarant parfois même comme des héros? Mais, ne vous méprenez pas! Je garde, pour ces personnes, un profond respect et une admiration sans borne, alors pourquoi la période des essais reste tabou dans une ignorance totale? Aucun nombre des militaires, des civiles, et des Polynésiens, n'est avancé, ni inscrit, ni quantifié. Aucun nombre de personnes disparues, ou malades, aucun nombre de ces familles déchirées.

Que comprendre ?...

Les reproches pourtant ne sont pas là. Ils pourraient se concevoir de l'ignorance en ces temps-là! Ils pourraient s'imaginer de la nécessité de l'avancée technologique de cette époque! Ils pourraient se concevoir d'un accord tacite du personnel, envoyé sur les sites des essais! Ils pourraient se concevoir, que les Polynésiens avaient été informés des risques encourus! Ils pourraient se concevoir, que toutes les protections de ces populations avaient été mises en place! Ils pourraient se concevoir...! Se concevoir de tant de choses et de mille manières.

MAIS OUI...!

Ce qui est inconcevable, c'est les agissements, l'ignorance, les mensonges, la trahison. Le rejet de toutes ces personnes qui ont œuvré pour la France. Ces personnes, qui sans le moindre remords de leurs employeurs, dirigeants et autres, ils les ont laissés, dans la solitude de leurs souffrances. Ils ont laissé tous ces morts dans l'oubli, laissé ces familles détruites, sans espoir de percevoir le pourquoi ni mettre des mots sur l'incompréhensibilité d'une courte période de leurs vies, de leurs désarrois, de leurs incertitudes.

ALORS…!

Mururoa est-il Paradis ? … Ou… Enfer ?

Est-ce Mururoa ?… Ou… un état… de droit ?

Pour moi, cela va de soi !

Et pour vous… ?

Mais aussi pour vous !

Vous, vétérans des essais d'Algérie !

Vous, vétérans des essais de Fangatofa !

Enfin vous, Polynésiens et Algériens qui n'avaient
rien demandé ! Mais qui avaient tant subi.

ENFIN…

Pour nous ? Vétérans de ces essais, militaires, civils
et Polynésiens, que pouvons-nous attendre de plus ?

Une reconnaissance de tous ces mensonges en serait peut-être un premier pas...

Une libération réelle du nombre des victimes ayant œuvré pour la grandeur de la France serait peut-être un geste pour redorer le blason de ceux-ci.

La reconnaissance des maladies induites par ces retombées radioactives serait peut-être une manière d'aide aux malades et aux familles.

La reconnaissance, pour ces militaires à retrouver la nationalité française pour ces quelques jours, quelques mois ou années, qu'ils ont donnés à la France. Elle en serait la logique d'un peuple fier de sa force.

La juste rétribution promise à ces jeunes, ne serait-elle pas que justice dans une révision du solde d'une retraite oublié ? Qu'elle soit, encore à ce jour, le néant !

Mais je comprends, les années passent, le contingent de vétérans s'amenuise, tout comme l'âge de ces

Polynésiens ayant vécu ces années. Les pensées se perdent, elles se diluent en ces années d'oublis !

OUI ! L'oubli...

Il apporte l'indifférence ! Et pourtant, l'oubli est la cause de grands maux. Son inconséquence le rend ordinaire, commun et banal. On ne le remarque pas. Il devient négligeable, horrible et terrible, il supprime le sérieux et la gravité de la vie.

Lexique

Abidjan ~ est une ville du littoral atlantique sud de la Côte d'Ivoire, en Afrique de l'Ouest.

ahima'a ~ est un four tahitien, trou creusé dans le sol, tapissé de pierres de lave brûlante recouverte de sable où cuisent porc, chien et autre mets enroulaient dans des feuilles de bananiers.

Anse Vata ~ elle est appelée baie des Canards, puis par le nom kanak *wata,* qui veut dire santal. Cette anse constitue le littoral sud-ouest de la presqu'île Nouméenne.

Antsiranana ~ nommé Diégo-Suarez en français.

Ardoukôba ~ est un volcan de Djibouti apparu en 1978 et situé entre le Ghoubbet-el-Kharab et le lac Assal.

Arué ~ est une commune de la Polynésie française située dans le nord-est de l'île de Tahiti, dans l'archipel des îles du Vent où se situait le camp des légionnaires durant la période des essais.

Aopuni ~ ancien nom de *Mururoa* et qui veut dire *: îles aux larges, dans la langue des Tuamotu* le *paumato.*

Bombay ~ renommée en Mumbai est une ville densément peuplée qui se trouve sur la côte ouest de l'Inde.

Bander-Abbas ~ est une ville portuaire d'Iran située au bord du golfe Persique. Capitale de la province de Hormozgan, elle occupe une position stratégique sur le détroit d'Ormuz.

Bassora ~ est la deuxième ville d'Irak après Bagdad, la capitale. C'est la capitale de la province d'Al-Basra. Située sur le Chatt-El-Arab, qui est l'estuaire commun des fleuves Tigre et Euphrate et la frontière avec l'Iran.

Belawan ~ est une ville portuaire sur la côte du nord-est de Sumatra, en Indonésie. Située sur la rivière Deli, près de la ville de Medan. Elle est une base navale de la Marine militaire indonésienne.

Bora bora ~ (en tahitien : *Pōpora* qui veut dire *première-née*) est une des îles Sous-le-Vent de l'archipel de la Société en Polynésie française. Elle est située à 255 km à l'ouest-nord-ouest de la capitale Papeete. On appelle aussi l'île Mai te pora (*créée par les dieux*). Elle est connue comme la perle du Pacifique.

Caddy ~ est un petit cyclomoteur qui est équipé *du moteur Isodyne de la marque Motobécane. L'Isodyne équipera aussi les Mobyx.*

Canal du Mozambique ~ est un bras de mer de l'océan Indien séparant l'île de Madagascar du reste de l'Afrique, et spécifiquement du Mozambique.

Canal de Vridi ~ à Abidjan en Côte d'Ivoire, fut creusé en 1950. Il permet de relier le port autonome d'Abidjan à l'océan Atlantique. Il tire son nom du village de Vridi.

Cap de Bonne Espérance ~ est un promontoire rocheux sur la côte atlantique de l'Afrique du Sud, à l'extrémité de la péninsule du Cap située au sud de la ville du Cap. Ce promontoire rocheux se termine à Cape Point, à 2 km du cap de Bonne-Espérance.

Cap town ~ Le Cap en français est une ville portuaire située sur la péninsule du Cap au sud-ouest de l'Afrique du Sud. Cape Town est construite au pied de l'imposante montagne de la Table.

CEP ~ *Organisme aménagé en 1964 à Papeete et comprenant les sites de tir de Mururoa et de Fangataufa, où furent réalisées, de 1966 à 1996, les expérimentations nucléaires françaises. Le centre est aujourd'hui fermé.*

Chatt-El-Arab ~ *ou Chott-el-Arab (la rive des Arabes)* est le principal chenal du delta commun du Tigre et de l'Euphrate. Il débouche sur le golfe Persique après un parcours de 200 km. Sur la partie aval de son parcours, il constitue la frontière entre l'Irak et l'Iran.

CIRFA ~ centre d'information et de recrutement des forces armées.

Chicag' ~ fut après la Seconde Guerre mondiale le surnom d'un quartier mal famé de la ville de Toulon. Situé au bas de la vieille ville, juste à la sortie de la porte principale de l'arsenal. C'était le lieu privilégié des sorties nocturnes des permissionnaires de la marine.

COTAM ~ Commandement du Transport Aérien Militaire. Le Transport aérien des militaires en temps de paix. Ils effectuent des transports de passagers et de fret à longue distance.

CFM Hourtin ~ est un ancien centre de formation de la marine, fermé en l'an 2000.

Dakar ~ est la capitale du Sénégal, en Afrique occidentale. Cette ville portuaire sur l'océan Atlantique se trouve sur la presqu'île du Cap-Vert.

Danakil ~ *situé dans la Corne de l'Afrique, au nord-est de l'Éthiopie et au sud de l'Érythrée, le désert Danakil fait partie des endroits les plus chauds et arides de la planète.*

***DC 6 et DC8* ~** sont des avions de ligne quadrimoteurs américains produits par la Douglas Aircraft Company.

Diego-Garcia ~ est un atoll de l'archipel des *Chagos*, dans le Territoire britannique de l'océan Indien.

Diégo-Suarez ~ nommée *Antsiranana* en malgache est la plus grande ville du nord de Madagascar. Ancien port militaire français.

Djibouti ~ sur la Corne de l'Afrique est un pays principalement francophone et arabophone qui offre brousse aride, formations volcaniques et plages sur le golfe d'Aden. Situé dans le désert Danakil.

Dosifilms ~ la dosimétrie passive était réalisée autrefois grâce à des dosimètres films-badges.

Dzaoudzi ~ est une commune française du département et de la région d'outre-mer de *Mayotte*, dont elle est le chef-lieu de *Jure*.

Faaa. ~ *Fa'a'ā*, est une commune de la Polynésie française située sur l'île de Tahiti dans l'archipel de la Société. Mais aussi l'aéroport de Tahiti

Fāfaru ~ est un plat de poisson d'origine polynésienne. Des filets de poissons, généralement du thon ou de la bonite, ils sont mis à macérer dans une préparation d'eau de mer et de têtes de crevettes d'eau douce pressées, puis exposées au soleil.

Fangataufa ~ est un atoll situé dans *l'archipel des Tuamotu* en Polynésie française. Il a servi, comme un autre site du Pacifique, l'atoll de *Mururoa*, distant de 45 kilomètres, de terrain d'expérimentation pour des essais nucléaires français. Fangataufa appartient en pleine propriété à l'État français depuis 1964.

Faré ~ des constructions légères des îles du Pacifique. Elles sont traditionnellement recouvertes de feuilles de pandanus et de palmiers, de différentes grandeurs. Ils peuvent aussi être ouverts notamment pour les discussions ou fermés pour les habitations.

Fenzy ORM 55 ~ appareil respiratoire à circuit fermé équipé d'une bouteille CO_2, d'une cartouche de chaux sodée et d'un sac poumon pour pénétration dans des locaux enfumés.

Fijoroana ~ *est un* lieu sacré, culte aux ancêtres pour les cérémonies traditionnelles du peuple malgache.

Flamboyants ~ arbres aux fleurs rouges de *Madagascar.*

Fort Gentil ~ est une ville du Gabon, située sur l'île *Mandji*, à environ 80 km au sud de l'équateur dans le golfe de Guinée.

Funchal ~ est la capitale de l'archipel portugais de Madère.

Golfe d'Aden ~ est l'espace maritime situé entre la corne de l'Afrique et la péninsule arabique. Il sépare le continent africain du continent asiatique.

Hao ~ dite *"île de l'Arc"* ou *"île de la Harpe"* est un atoll situé au centre est de l'archipel des Tuamotu en Polynésie française. Il constitue le quatrième plus grand atoll de Polynésie.

Hoa ~ est défini comme un chenal intermittent de faible profondeur (allant de 20 à 50 cm sur le platier externe à 2 m sur le platier interne) de communication de l'eau de mer dans un lagon par-dessus la barrière du récif corallien d'un atoll, le plus souvent entre deux Motus. Ils se distinguent des passes navigables *(Ava)* et des chenaux de tempêtes *(tairua).*

I'a ota ~ est une recette, bien connue, de poisson cru polynésien.

Île Amsterdam ~ appelée île de la Nouvelle-Amsterdam jusqu'en 1965, elle est une petite île française située dans le centre de l'océan Indien, à 1 368 km au nord-nord-est des îles Kerguelen et à 2 713 km au sud-est de l'île Maurice.

Île Èléphanta ~ ou encore *île Gharapuri,* elle est une des nombreuses îles de la baie de Bombay. Elle se trouve à 10 km des rives de la ville et elle est connue pour ses temples creusés dans la roche.

Île de Gorée ~ est une île de l'océan Atlantique nord située dans la baie de *Dakar* et fut le plus grand centre de commerce d'esclaves de la côte africaine.

Île Juan de Nova ~ est une île de l'océan Indien. Située dans le canal du Mozambique, c'est un territoire français de nos jours, elle est revendiquée par la République de Madagascar.

Île de Saint-Paul ~ est une île française située dans le Sud de l'océan Indien, à 1 280 km au nord-nord-est des îles Kerguelen.

Île de Sumatra ~ Grande-île indonésienne située à l'ouest de Java et au sud de la péninsule Malaisienne. Elle est réputée pour son terrain tropical accidenté, sa faune et ses volcans fumants.

Îles Crozet ~ est un archipel du sud-ouest de l'océan Indien intégralement situé sur la plaque antarctique. Il constitue l'un des cinq districts des Terres australes et antarctiques françaises et ne compte aucun habitant permanent.

Îles Kerguelen ~ elles sont parfois parfois, surnommées les *îles de la Désolation* ou familièrement abrégées *Ker* par les habitués, elle sont un archipel français d'îles subantarctiques tout au sud de l'océan Indien. Elles constituent l'un des cinq districts des Terres australes et antarctiques françaises.

Île la Grande Comore ~ est une île formant un État fédéré de l'Union des Comores dans l'océan Indien et le *Canal du Mozambique*. C'est la plus peuplée et la plus grande des îles de l'archipel des Comores. Elle a pour capitale Moroni.

Île Maskali ~ est une petite île semi-désertique de la République de Djibouti à l'entrée du golfe de Tadjourah, à une quinzaine de kilomètres au large de la ville de Djibouti. L'île possède une mangrove de palétuviers.

Île Mayotte ~ elle fait partie de l'archipel des Comores qui se situe dans le canal du Mozambique, qui sépare Madagascar de l'Afrique. La seule île des Comores encore française.

Île Mohéli ~ la plus petite des îles des Comores.

Île Petite Terre ~ plus exactement elle est une ville et la presqu'île de *Dzaoudzi*. Elle fait partie de l'archipel des Comores.

Île de Socotra ~ est une île du *Yémen* située en mer d'Arabie, non loin de l'entrée orientale du golfe d'Aden.

Île Wallis & Futuna ~ sont des îles françaises, elles sont situées dans l'océan Pacifique, en Océanie lointaine. Les territoires les plus proches sont *les Tonga* au sud, les *Fidji* au sud-ouest, *les Samoa* à l'est, les *Tuvalu* et *Tokelau au nord*.

Île de Weh ~ est une île située à la pointe nord de l'île indonésienne de Sumatra. Elle est ainsi la partie la plus occidentale de l'archipel.

Administrativement, elle fait partie de la province *de aceh*. La seule agglomération de l'île est la ville de *Sabang*.

Jodel ~ *ce* sont des avions de tourisme monomoteurs français

Joffreville ~ maintenant, *Ambohitra* est une ville malgache, du district *d'Antsiranana* (Diégo-Suarez), elle appartient à la région de *Diana*, dans la province de Diégo-Suarez, lieu du centre de repos des militaires de l'époque.

Kaveu ou aveu ~ appelé aussi crabe des cocotiers. Il est un cousin du bernard-l'ermite, surnommé également *crabe voleur* est le plus grand arthropode terrestre au monde ! En effet, les adultes de cette espèce peuvent peser jusqu'à 4 kg et mesurer près de 40 cm. Il est un mets apprécié en Polynésie.

Lac Assal ~ est un lac de cratère situé dans le *désert du Danakil*, dans le centre de Djibouti. Les volcans endormis et les étendues de lave noire se reflètent dans son eau émeraude. Avec une altitude inférieure à -150 m sous le niveau de la mer, il s'agit du point le plus bas d'Afrique. La partie humide du lac est une masse d'eau extrêmement salée alimentée par des sources chaudes. La partie sèche est constituée d'une plaine de sel, blanche, formée par l'évaporation de l'eau du lac au fil des ans.

Lac sacré d'Antanavo ou anivorano ~ est une petite sous-préfecture de la région nord, à 70 km au sud de Diégo-Suarez, réputée pour son lac Sacré. Le lac occupe le fond d'un cratère de volcan, le lac Sacré est l'hôte de nombreuses légendes et de nombreux... crocodiles !

Lagune d'Ébrié ~ parfois appelée lagune *Ahizi, elle* est une lagune à eau saumâtre située en *Côte d'Ivoire* autour de laquelle est construite notamment la capitale *Abidjan.*

Lambaréné ~ est une ville du Gabon. Son nom provient du *galoa* et signifie *essayez donc de nous attaquer.*

La baie d'Andovobatofotsi ~ ou *baie des Cailloux Blancs*, elle fait partie de la baie de Diégo-Suarez.

La baie d'Andovobazaha ~ *ou baie des Français,* elle fait partie de la baie de Diégo-Suarez.

Le Ghoubbet al-Kharab ~ traduction, le "Gouffre des Démons", est une baie djiboutienne séparée du golf de Tadjourah par une passe au courant violent. Il est entouré de montagnes et de falaises de 600 mètres de haut, ainsi que par le volcan Ardoukôba qui le sépare du lac Assal.

Le Pain de Sucre ~ *Nosy Ionjo* en malgache, est un îlot rocheux d'origine volcanique, situé dans la baie *Andovobazaha,* la partie la plus méridionale de la baie de Diégo-Suarez, au nord de Madagascar. Elle est un lieu religieux malgache d'un accès interdit.

Les Comores ~ *ils sont* situés dans la partie septentrionale du canal du Mozambique, au nord-ouest de Madagascar et face au Mozambique. Il est constitué de quatre îles s'étalant d'ouest-nord-ouest en est-sud-est. Ce sont ; la Grande Comore, la plus à l'ouest, *Mohéli et Anjouan, qui font* partie de l'état des Comores depuis le 6 juillet 1975. *Mayotte* quant à elle est restée une région Française.

Les Philippines ~ sont situées dans le sud-est de l'Asie, entre l'Indonésie et la Chine, au sud du Japon, mais au nord-est de *l'île de Bornéo.* Elles comptent quelque 7 100 îles baignées par la mer de Chine et l'océan

Pacifique. Parmi ces nombreuses îles, onze d'entre elles totalisent plus de 95 % des terres et de celles-ci, 2 000 seulement sont habitées. Plus de 2 500 îles n'ont même pas reçu d'appellations officielles. On distingue aux Philippines trois grandes zones géographiques, au nord ; *Luçon* l'île la plus vaste et la plus au nord, elle abrite la capitale Manille. Au centre ; le groupe des Visayas, qui comprend ; les îles de *Samar, Negros, Palawan, Panay, Mindoro, Leyte, Cebu, Bohol et Masbate*, au sud : *Mindanao.*

Libreville ~ est située sur la côte nord-ouest du *Gabon*, et sur l'estuaire national du Gabon. Elle baigne sa périphérie sud, sur l'embouchure du delta du fleuve *Komo* dans le golfe de Guinée ; tandis qu'au nord de la cité, forêt et mangrove règnent sur un vaste espace quasi inhabité, qui s'étend jusqu'au parc national *d'Akanda.*

Lourenço-Marques ~ renommée en Maputo, elle est la capitale du *Mozambique*. Elle a été bâtie sur la rive nord (ou gauche) de *l'Estuário do Espírito Santo*, un estuaire à la confluence de quatre cours d'eau, le *Rio Tembe*, le *Rio Umbeluzi*, le *Rio Matola et le Rio Infulene*, donnant à l'est sur la baie de Maputo, ancienne "Baía do Espírito Santo".

Madère ~ (en portugais : *Madeira*) est un archipel du Portugal composé de l'île du même nom et de plusieurs autres petites îles, situé dans l'océan Atlantique, à 973 km de *Lisbonne* et à 640 km au nord-nord-ouest du cap *Juby*, dans la province de *Tarfaya au Maroc.*

Madras ~ renommé en 1996 en *Chennai*. Elle se situe sur la côte de Coromandel, bordant le golfe du Bengale.

Majunga ~ ou Mahajanga et Massali au XVIIIe siècle. Elle est une ville portuaire de la côte nord-ouest de Madagascar. Elle est la capitale de province de Mahajanga et chef-lieu de la région Boeny. Elle se trouve à l'embouchure du fleuve Betsiboka, sur le canal du Mozambique.

Makis ~ *sont des* petits lémuriens *, considéré comme l'ancêtre du singe, vous le verrez dans son habitat naturel uniquement à Madagascar.* Ce sont des animaux très intelligents, dont certaines espèces comme le Sifaka, sont très à l'aise avec l'homme.

Manille ~ capitale des *Philippines* est située sur la rive orientale de la baie de Manille. Le fleuve *Pasig* coupe la ville en son milieu et permet aux eaux du *Laguna de Bay*, située au sud-est de Manille, de se déverser dans la baie. Cette population, concentrée sur une superficie d'à peine 38,55 km^2, fait de Manille la ville la plus densément peuplée au monde. Elle mélange une architecture coloniale espagnole à des gratte-ciel modernes.

Manuia ~ *bière provenant de la brasserie de Tahiti.*

Maita'i ~ *Maita'i* ~ est un mot tahitien signifiant *bon, excellent*, ou *le meilleur.* Elle est une boisson d'un mélange de rhum blanc, de vieux rhum ambré, de curaçao ou triple sec, d'orgeat ou amaretto, de sirop de sucre candi, et de jus de citron vert.

Marae ~ sont des espaces sacrés, cérémoniels et sociaux, que l'on rencontre partout en Polynésie. Dans les îles de la Société, les marae ont pris la forme de cours pavées quadrilatérales, avec une plateforme rectangulaire à une extrémité, appelée un *ahu*.

Margouillats ~ est une espèce de *geckos* de la famille des

Gekkonidae. Il est appelé *margouillat* à l'île de La Réunion, en Guyane, au Gabon et en Polynésie française. C'est un animal ovipare insectivore nocturne qui mange aussi des araignées et de petits geckos.

Massawa ~ est un port d'Érythréen sur les côtes de la mer rouge, elle fut longtemps considérée comme la *perle de la mer Rouge de la Corne de l'Afrique,* mais est aujourd'hui en grande partie en ruine par les conflits qui durent depuis des décennies.

Maugaréva ~ (*en tahitien Ma'areva*) est la principale et la plus centrale des îles de l'archipel des *îles Gambier*. Le village de *Rikitea* est le chef-lieu de l'île ainsi que de l'archipel des Gambiers. Elle est située à 1 590 km au sud-est de Tahiti. Elle a subi de fortes retombées radioactives lors des essais de 1966 à 1974.

Medan ~ *est ville et capitale de l'île des Sumatra Nord qui est une province indonésienne.*

Moanda ~ est une ville du *Gabon*, située dans la province du *Haut-Ogooué*, à 41 km de *Franceville*. C'est une ville minière.

Mombasa ~ *Mombassa ou Mombasse* en français avant son indépendance. Elle est une ville portuaire du sud du Kenya sur l'océan Indien. Elle comprend la vieille ville, située sur une petite île *Mvita* formée par la confluence de deux estuaires et dont la côte sud-est est bordée par l'océan. Cette île est flanquée d'une zone métropolitaine plus récente d'une superficie de plus de 200 km^2, qui s'est développée sur le continent. Cette nouvelle zone est reliée à *Mvita* par des ponts et des bacs.

Moorea ~ *Mo'ore'a* en est le nom tahitien. Située à 17 kilomètres à l'ouest-nord-ouest de Tahiti, *Mo'ore'a* en est séparée par un profond chenal dépassant par endroits les 1 500 mètres.

Moroni ~ est la capitale fédérale de l'Union des *Comores* et le chef-lieu de la préfecture de *Moroni-Bambao*. Située sur la côte occidentale de la Grande Comore, principale île de l'archipel des Comores, Moroni est également la ville la plus peuplée du pays.

Motu ~ est un îlot de sable corallien, situé sur la couronne récifale d'un atoll ou à l'arrière d'un récif barrière d'île volcanique. Il s'agit généralement d'un banc de sable accumulé dans une zone où les courants marins ralentissent, où le sable peut se déposer, comme sur les bords d'une passe, à l'arrière d'un récif, ou sur un haut-fond. Quelques Motus sont des restes d'un récif émergé plus ancien et sont formés uniquement d'un agrégat de concrétions calcaires reposant sur un socle récifal, et présentant une absence notable de dépôts sablonneux. Les Motus alternent avec les *Hoas*.

Mururoa ~ *historiquement il est* appelé *Aopuni* (qui veut dire : *îles aux larges*), dans la langue des Tuamotu, le paumato. Il est un atoll de l'archipel *des Tuamotu*, situé en Polynésie française, à 1 250 km de Tahiti. Il a servi, comme un autre site de l'océan Pacifique, l'atoll de Fangataufa, distant de 45 kilomètres, de lieu d'expérimentation à 196 essais nucléaires français. *Moruroa* appartient en pleine propriété à l'État français depuis 1964.

N'Gor ~ (ou **Ngor** ou **N'Gor**) est une petite île du Sénégal, située au large de la *presqu'île du Cap-Vert*, à 400 m'à peine du village de *Ngor* sur la pointe des *Almadies*, tout près de *Dakar*. L'île a été découverte depuis la préhistoire.

Nohu ~ en tahitien, désignent les poissons-pierre. De la famille *desScorpaenidae*, réputée pour être le plus venimeux au monde. Sa peau dépourvue d'écailles sécrète un mucus capable de retenir les débris coralliens et les algues. Ce camouflage le rend généralement parfaitement indétectable au milieu des roches et coraux. Il est doté au sommet de son corps de 13 épines dorsales reliées à des glandes à venin, contenant des toxines pouvant persister jusqu'à 48 h après sa mort. Il possède également des épines venimeuses sur les nageoires pelviennes et anales.

Nouméa ~ *(prononcé : nu.me. a/), elle est la* principale ville portuaire de *Nouvelle-Calédonie. E*lle est le chef-lieu, de cette collectivité d'outre-mer française, au statut spécifique de la province du Sud. Elle est située sur une presqu'île de la côte sud-ouest de la *Grande Terre.*

Nouvelle-Calédonie ~ *est un ensemble d'îles et d'archipels français d'Océanie. Ils sont situés en mer de Corail et dans l'océan Pacifique sud. Cet ensemble fait partie de la Mélanésie et de l'Océanie lointaine. 3e producteur du nickel au monde.*

Nuku Hiva ~ également dénommée *Nuka Hiva* ou *île Marchand.* Elle est une île située dans l'archipel des Marquises en Polynésie française. Elle est le chef-lieu des Marquises. Elle est une île volcanique formée par la crête émergée de volcans éteints depuis deux millions d'années. Son relief est constitué de pics de basalte hauts d'une centaine de mètres.

Opération petticoat ~ est un film américain de *Blake Edwards* sorti en 1959 (*En décembre 1941, dans l'océan Pacifique, le sous-marin "Tigre des Mers" est gravement endommagé dans les premiers jours de la guerre avec le*

Japon. Réparé à l'occasion d'une escale dans une île, cinq ravissantes infirmières, les officiers en détresse sont recueillis à bord, mettant l'équipage en émoi).

Pahu ~ est un ancien tambour sur pied polynésien et hawaïen faisant partie des orchestres traditionnels. Tambours qui se jouent à la main ou avec des baguettes. Son cylindre de bois est taillé dans des troncs de *pu'a, tamanu* ou *mi'o*. Il est couvert d'une épaisse peau de requin ou de chien, attachée au moyen de cordelettes.

Papeete ~ du tahitien, *pape* ; eau et *'ete* ; corbeille, elle désigne à l'origine un des quartiers de la bourgade de *Nanu*, situé entre le quartier *Paofai* et la cathédrale. Il existe plusieurs traductions *l'eau en forme de corbeille, l'eau de la corbeille, la corbeille d'eau* et le *panier à eau. Elle* est à l'origine une zone marécageuse. La facilité d'accostages des navires et l'arrivée du CEP en 1963 permirent son évolution. Située dans le nord de l'île de Tahiti, elle est le chef-lieu de la Polynésie française.

Plage de Ramena ~ est une belle plage ancrée dans une baie sise à la pointe nord de Madagascar. Elle est située à une vingtaine de kilomètres d'Antsiranana *(ex Diego suarez)*.

Pu ~ *un* instrument à vent, issu d'une conque marine faite d'un gros murex *(charonia tritonis)*, il servait pour appeler aux cérémonies sur les *maraes* ou annoncer des nouvelles importantes.

Ra'iātea ~ (enTuro Raapoto) ou *Raiatea* (en français) est une île de Polynésie française faisant partie des *îles Sous-le-Vent dans l'archipel de la Société*. Elle se situe à 201 km à l'ouest-nord-ouest de *Tahiti.* Communément surnommée, l'*Île Sacrée,* en raison de son statut privilégié dans la culture traditionnelle locale, et son passé mythique, berceau du peuple et de la culture polynésienne, où les premiers *Māoris* auraient débarqué, il y a plus de mille ans.

Réunion ~ est une île qui se situe dans l'ouest de l'océan Indien. Elle est située dans l'hémisphère sud, à 684 km à l'est de *Madagascar*. Elle est l'île la plus occidentale de l'archipel des *Mascareignes* dont font également partie *l'île Maurice*, à 172 km à l'est-nord-est, et Rodrigues, toutes deux faisant partie de la République de *Maurice*. Les *Mascareignes* sont placées au sud-est de l'Afrique. L'est de l'île est constitué par le P*iton de la Fournaise*, un volcan bien plus récent (500 000 ans) qui est considéré comme l'un des plus actifs de la planète. La partie émergée de l'île ne représente qu'un faible pourcentage (environ 3 %) de la montagne sous-marine qui la forme.

Rimatara ~ est l'île la plus occidentale de l'archipel des Australes en Polynésie française. Elle est située à 640 km au sud-est de *Tahiti.*

RaeRae & Mahu ~ Le *raeRae* et le *Mahu* sont les exemples de transsexualisme ou de transvestisme liés à la culture polynésienne. Être *Mahu* a une signification culturelle, reconnue dans l'histoire de la société polynésienne, d'être travestie. Être RaeRae, c'est pousser la transformation jusqu'à l'éventuelle hormonothérapie et la chirurgie, en conservant le rôle social traditionnel du Mahu, mais en étant susceptible d'homosexualité.

Rurutu ~ est une île située dans les îles Australes en Polynésie française. Elle est située à 150 km à l'est de Rimatara, l'île la plus proche, et à 572 km au sud de *Tahiti*. L'île est aujourd'hui cernée de manière discontinue par des falaises de corail soulevé, faisant d'elle un *makatea*, qui sont criblées de grottes tapissées de concrétions. Elle est réputée pour son artisanat, la vannerie et notamment le travail de la fibre du pandanus qui assurent à de nombreuses familles de l'île des revenus non négligeables.

Sabang ~ est une ville d'Indonésie dans la province de *Aceh*. Elle est située sur l'*île de Weh.*

sécuritares ~ marin-pompier sur les bâtiments de la marine nationale

Simon's Town ~ est une ville et une base navale militaire située en Afrique du Sud dans la province du Cap-Occidental. Baptisée en l'honneur du gouverneur *Simon Van der Stel*, elle est juchée sur les rives de *False Bay*, au sud-est du Cap au bord de l'océan Atlantique. Elle est située à 36 km au sud-est de la ville du Cap. Elle est la dernière ville de *False Bay*, avant l'entrée du parc national du *Cap de Bonne Espérance.*

Singapour ~ L'État de Singapour est formé de 65 îles. Il est situé à l'extrême sud de la péninsule malaise, dont il est séparé au nord par le détroit de *Johor*, et borde au sud le détroit de Singapour. Il est connu et souvent montré en exemple pour son extraordinaire réussite économique. L'île principale est reliée à la péninsule Malaise par deux ponts. Le premier, la chaussée Johor-Singapour, arrive à la ville frontalière de Johor Bahru en Malaisie. Le second, le *Malaysia-Singapore Second Link*, est à l'ouest, il relie la périphérie de *Johor Bahru* aux quartiers de la région de *Tuas.*

Surabaya ~ c'est la capitale de la province de Java oriental. Elle est située sur la côte nord de Java (le *Pasisir*) à l'embouchure de la rivière Mas (*Kali Mas*) et le long du détroit de Madura. Pour les Indonésiens, elle est connue comme la ville des héros. *Tanjung Perak*, il est le port de la ville et le premier d'Indonésie. Il abrite également le commandement de la flotte orientale de la marine indonésienne.

Table Mountain ~ ou la montagne de la table est un massif de la province du Cap-Occidental en Afrique du Sud, qui surplombe la ville du Cap. La *montagne de la Table* se trouve au nord de la péninsule du Cap qui est elle-même terminée au sud par le cap de Bonne-Espérance. À pied ou en téléphérique, la montée téléporte en un lieu majestueux, il fait partie du parc national du *Cape Peninsula*.. Il s'agit d'un passage incontournable lors d'un séjour au Cap qui offre un moment de rêve et une vue imprenable sur ce cap de Bonne-Espérance.

Tahiti ~ est une île de la Polynésie française située dans le sud de l'océan Pacifique. Elle fait partie du groupe des îles du Vent et de l'archipel de la Société. Cette île haute et montagneuse, d'origine volcanique, est entourée d'un récif de corail. L'île est composée de deux parties. *Tahiti nui*, est la plus importante, et T*ahiti iti*, est également appelée la Presqu'île. Elles sont reliées entre elles par l'isthme de *Taravao*.

Ma'a ~ *e*n polynésien, désigne la nourriture, un mets. *Mä'a Tahiti*, désigne la cuisine tahitienne.

Tāmā'ara'a ~ en polynésien, il désigne un repas, *un* banquet.

Tamure ~ est une danse à deux inspirés de deux pas du *ote'a* : le *pa'ot*i est pour les hommes et le *varu* pour les femmes. Le *ote'a* se pratique sous trois formes : le *ote'a tane*, il est dansé par les hommes, le *ote'a vahine* interprété par les femmes, et le *ote'a umui, lui qui est* mixtes.

Tiare Tahiti ou Tiare Maohi ~ de définition littéraire : *fleur tahitienne* (*nom scientifique, Gardenia taitensis*), souvent appelée à tort "fleur de tiaré", est une espèce de petit arbuste au puissant parfum de jasmin, présent dans une grande partie du Pacifique insulaire, jusqu'au Vanuatu. Cet arbuste tropical *sempervirent* peut atteindre jusqu'à 4 mètres de haut. Ses feuilles à l'aspect vernissé mesurent de 5 à 16 cm ; la fleur est généralement blanche et présente de 5 à 9 pétales arrangés en hélice. Il arrive que certains tiarés Tahiti soient jaunes.

Tiki ~ en marquisien, *ti'i* en tahitien, est un terme qui signifie aussi bien un homme, un dieu ou un homme-dieu, est une représentation humaine sculptée de façon stylisée que l'on trouve, en Océanie, sous forme d'une statue, d'un tatouage ou d'un pendentif, souvent en pierre ou en os et en bois.

To'ere ~ est un tambour oblong avec une fente longitudinale. Il est constitué d'un tronc de bois (*miro, tou* ou *tamanu*) creusé et évidé à partir d'une simple fente, souvent décorée de motifs polynésiens. Sa taille varie de 40 à 120 cm de long selon le timbre que l'on souhaite obtenir.

Treicheville ~ est une commune d'Abidjan, en Côte d'Ivoire, située sur *l'île de Pétit-Bassam*, avec les communes de *Marcory et Koumassi*.

Tuamotu ~ (qui veut dire : "îles aux larges"), elles constituent un archipel de 76 atolls situé dans le nord-ouest de l'océan Pacifique Sud et faisant partie de la Polynésie française. Ce vaste ensemble insulaire très dispersé (*allant de Mataiva au nord-ouest et aux Gambiers au sud-est*) s'étend sur une longueur de 1 762 km selon une direction allant de l'ouest-nord-ouest vers l'est-sud-est. Les îles dépendent administrativement de la subdivision Tuamotu-Gambier. *Tuamotu* signifie en tahitien *"les îles au large"*, l'archipel se trouvant à l'est de Tahiti. Les habitants des Tuamotu sont les *"Pa'umotu"*, mot qui désigne également leur langue.

Uá ~ en tahitien, il désigne *le Kaveu ou crabe de cocotier. Il est aussi* appelé aussi *crabe voleur* est un cousin du bernard-l'ermite. Il est un mets apprécié en Polynésie.

Uru ~ *ou* arbre à pain, il est alimentaire puisque son fruit comestible, le *uru*, était la base de l'alimentation des Polynésiens. Il se prépare bouilli, rôti ou cuit à l'étouffée ou plus simplement sur un feu de bois ou un bec de gaz. Aux temps anciens, il était généralement utilisé, fermenté après une conservation pendant plusieurs mois dans des silos de pierre.

Zébulon ~ est un actinide (*l'uranium, le thorium, le plutonium… etc.*), il est la résultante d'une fission nucléaire et la conséquence de la contamination.

Zébus ~ à Madagascar, il est un animal emblématique de l'île Rouge. Cet animal domestique est arrivé sur l'île au cours du premier millénaire en provenance d'Inde. Son aspect est caractérisé par ses imposantes cornes implantées sur son os frontal. L'ensemble se nomme bucrane. Sa bosse dorsale est tout aussi remarquable. C'est une réserve de graisse qui se constitue quand la nourriture est abondante. À la saison sèche, elle se réduit quand l'herbe se fait rare. Cette bosse perd alors de son volume et de sa superbe et elle s'incline sur le côté.

Table des matières